写给UI设计师看的
数据可视化设计

吴星辰 / 著

电子工业出版社
Publishing House of Electronics Industry
北京·BEIJING

内 容 简 介

本书将带你全面认识数据可视化设计，从简单的图表设计到炫酷的 3D 可视化大屏设计，都会通过实际案例进行详细介绍，其中还包括动效设计，以及如何让动效用不同方式落地。

本书还详细介绍了 B 端产品和 G 端产品的设计原则，这可以让你更清晰地认识数据可视化领域的设计要点。另外，书中分享的交互思维、产品思维案例，也会让你了解如何运用全局视角做 UI 设计。

本书不仅是学习数据可视化设计的重要参考，还是全面培养和构建设计师全局设计体系的指导用书。

未经许可，不得以任何方式复制或抄袭本书之部分或全部内容。
版权所有，侵权必究。

图书在版编目（CIP）数据

写给 UI 设计师看的数据可视化设计 / 吴星辰著 . —北京：电子工业出版社，2021.5
ISBN 978-7-121-40825-0

Ⅰ．①写… Ⅱ．①吴… Ⅲ．①可视化软件－数据处理－应用－人机界面－程序设计 Ⅳ．① TP311.1-39

中国版本图书馆 CIP 数据核字（2021）第 054021 号

责任编辑：石　悦
印　　刷：天津千鹤文化传播有限公司
装　　订：天津千鹤文化传播有限公司
出版发行：电子工业出版社
　　　　　北京市海淀区万寿路 173 信箱　　邮编：100036
开　　本：787×980　1/16　印张：18　字数：337 千字
版　　次：2021 年 5 月第 1 版
印　　次：2021 年 12 月第 3 次印刷
定　　价：109.00 元

凡所购买电子工业出版社图书有缺损问题，请向购买书店调换。若书店售缺，请与本社发行部联系，联系及邮购电话：(010) 88254888，88258888。

质量投诉请发邮件至 zlts@phei.com.cn，盗版侵权举报请发邮件至 dbqq@phei.com.cn。
本书咨询联系方式：(010) 51260888-819，faq@phei.com.cn。

推荐语

可视化为我们的认知世界打开了独特的天眼。

零点有数董事长 袁岳

本书是一本真正意义上的数据可视化实操手册,是星辰设计师用自己从实战中得来的经验写成的"秘籍",可以帮助你从"小白"一步步修炼成"大师"。

阳光易德大数据研究院副院长 王亦冰

数据可视化设计是近几年热门的设计方向。我有幸看到这样一本专门介绍数据可视化设计的图书。从简单的图表设计到三维可视化设计,本书都进行了全面的讲解,同时还结合交互体验与产品思维,让你全面地掌握数据可视化设计的方法,不但适合设计师学习,而且对数据可视化感兴趣的互联网人都能有所收获。

起点学院 & 人人都是产品经理社区创始人兼 CEO 曹成明(老曹)

星辰有着深厚的专业功底和个性鲜明的设计哲学,设计的 B 端产品简洁、专业,设计的 C 端产品易用性和交互性强。如果你深读本书,就会得到启示,产生共鸣!

零点有数集团首席技术官 陈军

B 端设计工作者非常苦恼的一件事就是很难找到自己的工作价值,而通过数据可视化的表现形式,他们可以大大提高工作效率,这无疑是一种找到设计价值的方式。

星辰凭借多年的工作经验和对设计细节的洞察,详细讲解了多种设计案例。你可以通过参考这些案例，利用数据可视化的方式大大提升 B 端工作的价值感。

集创堂创始人 CTD 设计咨询创始人　慈思远

这是我接触到的内容比较全面的数据可视化设计方面的图书，除了数据可视化内容，其中还涉及很多通用的设计思维理论。我建议对数据可视化设计有兴趣的设计师们阅读本书。

设计日记创始人 支付宝原设计专家 sky 盖哥

很高兴国内有了比较系统地介绍数据可视化设计的书，并且结合了大量的实际案例，给数据可视化设计师带来了很大的参考价值。

由于数据对于大多数人来说只是一个概念，大数据尤其如此，因此用可视化的设计方式将其呈现出来就变得十分重要，希望本书能给数据可视化设计师带来更多的启示。

清华美院艺术管理硕士、京东前资深交互设计师　张蕊

本书以信息图表为载体展示了复杂的信息，表现了视觉展示中的联系。作者将带你走进数据的世界，洞察数据可视化之美。

零点有数设计总监　吴雪

一切皆为表达，本书将告诉你如何让数据展示出美和逻辑。

阳光易德前 CTO　孟祥忠

请小心吴星辰这个人，在与他共事的这几年中，我经常觉得自己要失业了。他经常使用"上帝"视角和微观视角来观察这个世界，然后告诉我怎样做才是最适合的。最"可气"的是，他还能把见解写出来，并对其中的逻辑关系进行通俗易懂的分析来证明其观点的普适性，经常让理科出身的我百感交集。

销售易 lead to opportunity 产品负责人　王赛

前言

关于入行

那年我住在北京香山脚下,每天 8 点起床,9 点开始看 UI 教程,下午和晚上做练习,有时学累了就去爬香山,最好的成绩是上山下山不到两个小时,爬山回来冲个凉继续学习。那段时间晚上做梦常常都在画图标,后来我发现,新学习的技能如果不在梦里出现,那肯定是没有下足功夫。

就这样,我自学了两个半月的 UI 设计,恰逢那几年是移动互联网爆发期,行业对 UI 设计师的需求量很大,因此我很幸运地找到了工作。但工作后才发现,做设计远不是自学两个多月的事,尤其我还是非科班出身。于是,我开始学习美术知识,看美院的课程,还在五道口报了绘画班,每周六学习一天,大概学了半年,这段时间的学习使我真正喜欢上了设计。

刚开始做设计,由于一直都有危机感,因此在之后的两年多时间里,我一直没有停止学习,几乎每天都在看教程,从摄影后期、合成、插画、字体设计到 UI 设计、动效设计、三维设计、交互设计、产品设计,再到服务设计,只要与设计相关的都不放过。那段时间过得充实而又满足,就这样渐渐地对设计越来越有想法和信心,产出的东西也越来越被更多人所肯定。

如今,入行 UI 设计已有六年,回想当初自己带着一腔热血一头扎进设计行业真是我目前做的最正确的选择,做设计是让我最有成就感、最开心的事!

关于写作 & 成果

在我一周岁抓周儿的时候,我抓住了一支笔,写作这件事可能跟我抓周儿有关系吧!

其实开始写文章是在进入设计行业之后，那时我所在公司的产品设计团队要求每周五轮流分享产品或设计心得，不知道为什么，我对这件事情有独钟，每次轮到我都会做充分准备，后来我就干脆把分享的内容整理成文章发布到设计平台，再之后我又开通了微信公众号"互联网设计帮"，正式开启了设计总结的写作之路。

不断的产出带给我意想不到的收获，设计平台和公众号的粉丝开始多了起来，文章也得到了站酷、UI中国、人人都是产品经理等平台的首页推荐，我也有幸站在近百人面前进行设计分享，这些都让我感到非常充实和快乐。

今后我还会继续坚持写作，分享设计，也特别希望读者朋友们能试着去分享你们的设计作品和设计总结。坚持下来你会发现，分享是最有效的学习方法，同时也能收获更好的自己。

关于写书

我接触数据可视化设计已有四年多的时间，每完成一个项目都习惯将总结整理成文章分享出来，也时常分享一些数据可视化设计技能方面的教程。在这个过程中，有很多小伙伴常常会提出一些问题，如怎么定义大屏的设计尺寸、怎么才能有炫酷效果、怎么让动效设计落地等，针对这些大大小小的问题，我一直想全面地做一次总结。

也就在这个时候，电子工业出版社的石悦老师联系到我，希望我能把这些年在数据可视化设计领域的经验总结整理成书，于是我们一拍即合，最终有了这样一本针对数据可视化设计领域，兼具交互和产品相关知识及案例实战的图书。

我和业内许多经验丰富的前辈，以及才华横溢的设计大佬相比还有很多需要学习和提升的地方。我会尽最大的努力，把这几年的设计经验总结出来，给曾经像我一样迷茫的设计师朋友带来一些指引和帮助。

关于感谢

感谢我的父母，你们的期待，是我坚持努力完成这本书的最大动力。

感谢杨婕妤同学在我写作期间对我极大的鼓励和帮助,没有你的支持这本书不会这么快完成。

感谢我的妹妹吴欣艳同学,在繁忙的工作之余对本书内容给出宝贵建议并反复校对。

感谢电子工业出版社的石悦老师,是他的引导和鼓励,让我最终完成了本书的撰写。

感谢带我入行设计的朋友和一路走来带给我帮助的领导和同事,你们的指导让我少走了不少弯路。

感谢关注我微信公众号"互联网设计帮"的读者朋友们,是你们的支持,让我一直坚持内容产出到现在,希望今后我们能一起见证彼此的成长。

看完这本书如果能给你带来一些收获,也希望你能推荐给身边有需要的设计师朋友。另外,欢迎大家关注我的微信公众号"互联网设计帮",关注即可加我微信好友,我们一起玩设计,等你!

吴星辰

2020 年 11 月 1 日 北京

目录

第 1 章 认识数据可视化设计 / 001

1.1 数据可视化设计的价值 / 002

1.2 数据可视化设计的魅力 / 005

1.2.1 文字排版 / 006

1.2.2 表格展示 / 007

1.2.3 图形呈现 / 008

1.3 数据可视化设计应用场景 / 009

1.3.1 平面设计 / 009

1.3.2 后台产品和中台产品 / 010

1.3.3 可视化大屏产品 / 012

1.4 如何学习数据可视化设计 / 014

1.4.1 数据可视化设计必备技能 / 014

1.4.2 数据可视化设计四要素 / 015

1.4.3 建立数据可视化设计学习体系 / 019

第 2 章 图表设计 / 022

2.1 图形分类 / 023

2.1.1 随时间变化图形 / 023

2.1.2　类别比较图形　/　027

2.1.3　排名图形　/　031

2.1.4　占比图形　/　033

2.1.5　关联图形　/　036

2.1.6　分布图形　/　040

2.1.7　关系图形　/　043

2.2　图形选用　/　045

2.2.1　KPI 图的妙用　/　045

2.2.2　巧用真实数据选图形　/　046

2.2.3　从突出价值数据选图形　/　047

2.2.4　从可读性角度选图形　/　047

2.2.5　3D 图形的科学运用　/　048

2.2.6　直方图与柱状图　/　049

2.2.7　从对比性选图形　/　051

2.3　图形设计　/　052

2.3.1　图形视觉层级解析　/　052

2.3.2　折线图的设计原则　/　053

2.3.3　柱状图的黄金法则　/　054

2.3.4　饼图的规范设计法则　/　056

2.3.5　突出图形重要数据　/　057

2.3.6　图形用色技巧　/　060

2.3.7　图形添加说明的重要性　/　062

2.3.8　标题成就图形　/　063

2.3.9　简洁：少即是多　/　064

2.3.10　图形的扩展性设计　/　065

2.3.11 图形的营销手段 / 067

2.4 表格设计 / 068

2.4.1 表格排版奥秘 / 069

2.4.2 表格字体运用 / 073

2.4.3 表格与图形结合 / 074

第 3 章 数据可视化产品设计 / 076

3.1 可视化大屏设计流程 / 077

3.1.1 设计流程详解 / 077

3.1.2 需求调研 / 078

3.1.3 数据分析 / 079

3.1.4 产品设计 / 080

3.1.5 可行性测试 / 080

3.2 可视化大屏设计尺寸解析 / 081

3.2.1 大屏的类别和成像原理 / 082

3.2.2 大屏与电脑同比例 / 082

3.2.3 大屏与电脑不同比例 / 084

3.2.4 如何配置大屏电脑显示器 / 085

3.2.5 大屏的分屏设计 / 087

3.3 可视化大屏视觉设计 / 088

3.3.1 大屏使用字号解析 / 088

3.3.2 大屏设计布局解析 / 090

3.3.3 定义设计风格主题 / 092

3.3.4 情绪板设计方法 / 095

3.4 可视化设计之美 / 095

3.4.1 布局之美——平衡感 / 096

3.4.2 布局之美——格式塔原则 / 097

3.4.3 布局之美——黄金比例 / 100

3.4.4 色彩之美——用色技巧 / 103

3.4.5 色彩之美——认知配色 / 105

3.4.6 色彩之美——视觉无障碍设计 / 106

3.5 文案设计之美 / 109

3.5.1 积极友好的文案设计 / 109

3.5.2 从用户的需求和痛点出发设计文案 / 110

3.5.3 如何用文案渲染产品调性 / 111

3.5.4 拉近与用户距离的文案设计 / 112

3.5.5 提高阅读效率的文案设计 / 113

3.5.6 价值引导的文案设计 / 114

3.5.7 文案表述的一致性 / 115

3.5.8 文字排版规范 / 116

3.5.9 文案标点使用规范 / 117

3.5.10 英文使用规范 / 118

3.5.11 特殊字体使用 / 119

第4章 交互设计 / 120

4.1 交互思维 / 121

4.1.1 用户体验 / 121

4.1.2 用户思维 / 122

4.1.3 交互五要素 / 125

4.1.4 5W1H 分析法 / 127

4.2 交互设计定律 / 128

4.2.1 费茨定律 / 128

4.2.2 席克定律 / 129

4.2.3 泰斯勒定律 / 130

4.2.4 米勒定律 / 132

4.3 交互设计原则 / 133

4.3.1 防错原则 / 133

4.3.2 美即好用效应 / 135

4.3.3 交互直接性原则 / 136

4.3.4 嵌入式呈现 / 137

4.3.5 用户心流 / 139

4.4 可视化图表交互 / 140

4.4.1 交互式图表 / 140

4.4.2 简单可交互 / 143

4.4.3 交互时突出重点 / 146

4.4.4 移动端图表交互 / 148

4.4.5 声音交互 / 152

4.5 产品思维 / 153

4.5.1 产品感 / 153

4.5.2 B 端产品设计原则 / 155

4.5.3 G 端产品设计原则 / 159

第 5 章　动效设计　/　161

5.1　动效设计价值　/　162

5.2　动效设计分类　/　163

5.2.1　视觉动效　/　163

5.2.2　交互动效　/　166

5.3　动效设计原则　/　168

5.3.1　动效物理运动法则　/　168

5.3.2　动效持续时长解析　/　170

5.3.3　动效渲染产品调性　/　170

5.3.4　简单动效与复杂动效　/　171

5.3.5　大屏动效的表现与克制　/　172

5.4　动效设计实战　/　173

5.4.1　动效图标设计　/　173

5.4.2　3D 模型动效设计　/　176

5.4.3　3D 粒子动效设计　/　180

5.4.4　动效营造科技感　/　190

5.5　动效设计落地　/　195

5.5.1　三大动图格式　/　196

5.5.2　适用 Web 端的视频格式　/　200

5.5.3　CSS 序列帧精灵图动画　/　201

5.5.4　Lottie——.json 文件代码动画　/　202

5.5.5　生成 SVGA 格式的动画　/　203

5.5.6　导出 CSS 动画代码　/　204

5.5.7　动效设计文档输出　/　205

第 6 章　3D 可视化设计　/　207

6.1　3D 可视化的设计工具　/　208

6.1.1　3D 效果设计利器——C4D 和 AE　/　209

6.1.2　城市模型利器——Arc GIS　/　212

6.1.3　城市模型利器——City Engine　/　214

6.1.4　3D 实时交互利器——Ventuz　/　223

6.1.5　3D 特效游戏引擎——U3D 和 UE4　/　226

6.2　3D 可视化设计实战　/　229

6.2.1　可视化大屏透视效果设计　/　229

6.2.2　3D 动画元素设计落地　/　232

6.2.3　可交互地球设计落地　/　233

第 7 章　数据可视化设计工具、灵感、案例　/　239

7.1　第三方数据可视化设计工具　/　240

7.1.1　可视化组件库工具　/　240

7.1.2　可视化大屏工具　/　247

7.1.3　可视化地图工具　/　249

7.2　数据可视化设计灵感　/　252

7.2.1　可视化设计灵感网站　/　253

7.2.2　可视化设计素材网站　/　256

7.3　数据产品案例　/　258

7.3.1　百度热搜大屏案例　/　258

7.3.2　G 端政务大屏案例　/　262

7.3.3　B 端数据产品案例　/　264

01

认识数据可视化设计

如今是大数据的时代，我们听音乐、乘坐交通工具、用手机支付、刷微博等，每一次与互联网的碰触都会被大数据库所记录。海量数据的存储，开启了人类社会利用数据创造价值的新时代。数字化、信息化的时代已悄然而至，越来越多的企业开始意识到数据资源运用的重要性。大量的数据中蕴含着各行各业的发展规律及趋势，而如何利用数据中有价值的信息，已成为各大企业面临的巨大挑战和机遇。

1.1 数据可视化设计的价值

数据可视化设计是将大数据背后的结构、关联、趋势等，通过可视化的方式直观地呈现出来，让数据变得更具有可读性，并告诉人们数据背后的意义，这可以极大地帮助人们利用大量潜在有意义的数据信息来实现商业价值。也正因如此，数据可视化设计已成为当下热门的设计工种。

简单地说，数据可视化就是用户与数据之间的一种媒介，即先通过技术手段对数据进行采集、预处理、分析等，然后设计师通过视觉设计把复杂、抽象的数据以更加容易理解的形式展示出来，这不仅实现了数据的易读性和易懂性，而且给用户带来了良好的视觉体验。

数据可视化设计可以理解为编码和解码的过程。其中设计是编码，即用图表、颜色、文字等视觉元素对数据进行编码；用户对视觉元素的理解是解码，解码的效率和准确性的高低体现了编码的好坏。设计功底、对业务需求的理解、对用户的研究及图表的使用，都是影响编码的重要方面。

下面通过一个信息可视化设计的经典案例"伦敦地铁线路图"来进一步讲解可视化设计的意义与价值，以便了解什么才是好的可视化设计，明白如何从用户真正的需求出发解决问题。

地铁线路图能为我们提供清晰的路线导航，图 1-1 所示是北京地铁线路图。思考一下，在乘坐地铁时你最关注线路图上的哪些信息？

第1章 认识数据可视化设计 | 003

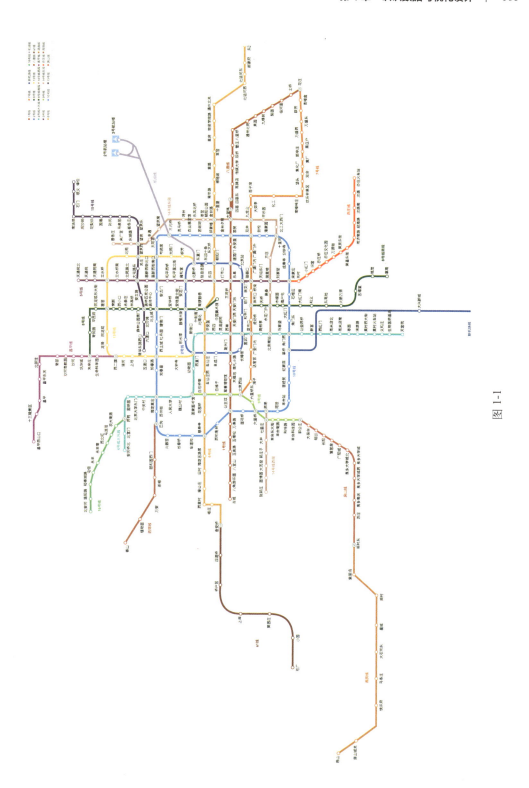

图 1-1

伦敦是世界上最早对地铁的地图系统进行完善的城市之一，最开始伦敦的每条地铁线路都有一本小册子，但随着地铁线路的不断扩张，小册子变得越来越不实用。

1908 年伦敦开始把各个独立的地铁支线汇集到一起，绘制成一个地铁系统地图，如图 1-2 所示，这就是最早使用的地铁线路图，其大大提高了乘客查阅路线的便捷性。但这仍然不是最好的设计，因为它的每个站点都是按照实际地理比例进行设计的，这就使得整个路线都以奇怪的角度呈现，导致在视觉上杂乱无章，乘客在查询路线时也会花费很多时间。

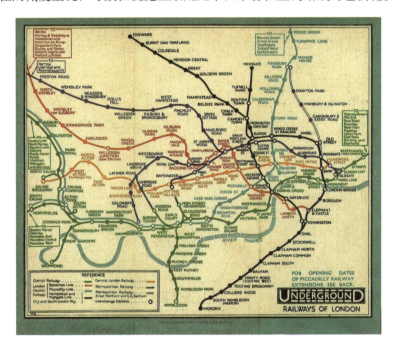

图 1-2

那么，如何解决杂乱的问题呢？通过对比北京地铁线路图，相信你已经有了答案。1931 年，一位名为 Harry Beck 的英国工程测绘员，设计了一版新的地铁线路图，直到今天该版本的设计理念仍在沿用，如图 1-3 所示。

Beck 认为，地图上的实际距离并不是特别重要，乘客只需要清晰地看到在哪里上车和在哪里下车即可。实际上这是洞察到了用户的真正需求，这也正是设计师应该具备的洞察力和思考力。Beck 将蜿蜒曲折的地理结构曲线设计成直观易懂的直线，各条地铁线仅在水平、垂直、45 度三个方向上延伸，这样站点之间的视觉距离看起来十分均匀。另外，站点和路线使用同样的颜色表示归属关系，这样线路图看上去更加清晰明了。Beck 创作的这幅地铁线路图，在 20 世纪 30 年代初掀起了一场小小的革命。

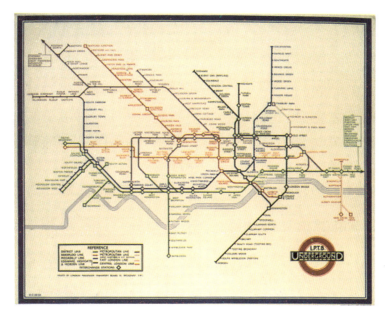

图 1-3

这正是数据可视化设计所要表达的理念，即把复杂抽象的信息数据以人们易懂、易理解的可视化方式展示出来，但在这个设计过程中就需要洞察用户真正的需求，并用合理、有效的设计方案解决用户的痛点，这也正是可视化设计的价值所在！

1.2 数据可视化设计的魅力

在数据类产品中，常常会运用文字、表格及图形对数据进行处理呈现，这三种呈现方式有不一样的使用场景，并且可以助力不同结构数据的呈现。因此，只要设计师能够合理地运用这几种呈现方法，对数据可视化设计的原则就会有一个清晰的认识。

下面我们结合国家统计局公布的一段文字信息，分别做文字排版、表格展示、图形呈现的视觉设计，感受一下它们的优势和劣势，并领略一下数据可视化设计的魅力。

1.2.1 文字排版

阅读下面的文字，你能记住多少数据，对数据又有怎样的认识。

中国国家统计局 2019 年 1 月 21 日发布数据显示，初步核算，2018 年全年国内生产总值 900,309 亿元，按可比价格计算，比上年增长 6.6%。分季度看，一季度同比增长 6.8%，二季度增长 6.7%，三季度增长 6.5%，四季度增长 6.4%。分产业看，第一产业增加值 64,734 亿元，比上年增长 3.5%；第二产业增加值 366,001 亿元，增长 5.8%；第三产业增加值 469,575 亿元，增长 7.6%。

以上是 2019 年国家统计局公布的数据，有生产总值、总增长百分比，以及不同季度、不同产业增长百分比的数据。虽然其已经用最简练的文字描述了所有数据，但仍然不能做到一目了然，理解成本比较高，而且只有文字很难形成记忆点。

重新对文字排版：

中国国家统计局 2019 年 1 月 21 日发布数据显示，初步核算：

2018 年全年国内生产总值 900,309 亿元，按可比价格计算，比上年增长 6.6%。

分季度看：

一季度同比增长 6.8%；

二季度同比增长 6.7%；

三季度同比增长 6.5%；

四季度同比增长 6.4%。

分产业看：

第一产业增加值 64,734 亿元，比上年增长 3.5%；

第二产业增加值 366,001 亿元，比上年增长 5.8%；

第三产业增加值 469,575 亿元，比上年增长 7.6%。

通过分段排版后，这段话就会变得更清晰、更直观且有条理。单从文字排版上来说，通过对内容进行分类、断行、增强对比等，能更加有效地传达信息内容。因此，在日常工作中，当你给别人发信息或邮件时，将一大段话分段或分内容会更容易让人接受。口语表述同样如此，这是一种结构化思维，能够增强读者和听者的记忆点，减少视觉和听觉的负担。

虽然通过文字排版已经使数据呈现得更加清晰了，但从数据可视化有效性的角度来看，仍有明显的缺点，比如"同比增长""增加值"等字眼多次出现，这就使得重复的文字信息过多，形成视觉负担，影响数据的展示。

文字对数据的描述一定要建立在单维度的基础上，比如"2018年全年国内生产总值900,309亿元，按可比价格计算，比上年增长6.6%"就是从单维度描述数据的。由于描述维度过多就会形成记忆负担，因此多维度的数据不太适合通过文字进行描述。

1.2.2　表格展示

表格一般是将文字、数据、符号等信息按行和列的形式进行展示，在数据统计中非常实用，如报名表、考勤表、人员名单等。

相比文字表述，表格展示得更加简单明了，如图1-4所示是用表格呈现上面数据的结果，这样既减少了重复的文字，数据展示得也更加直观。

2018年全年国内生产总值	比上年增长
900,309 亿元	6.6%

季度	同比增长
一季度	6.8%
二季度	6.7%
三季度	6.5%
四季度	6.4%

产业	增加值	比上年增长
第一产业	64,734 亿元	3.5%
第二产业	366,001 亿元	5.8%
第三产业	469,575 亿元	7.6%

图 1-4

然而用表格对数据进行呈现并不是完全意义上的数据可视化表达，因为表格无法直观地表现出数据之间的主次和关联关系。试想，如果读者想要查看从一季度到四季度数据的变化趋势，还需要进行思考和计算。而数据可视化的核心价值是将各种维度的数据进行最直观地呈现，降低读者阅读和思考的成本，比如通过折线图体现趋势、柱状图对分类数据进行对比、散点图呈现数据分布等。

1.2.3 图形呈现

图形在展示数据的同时，还可以把数据之间的关系表现出来，实现了数据的易读性和易懂性。

如图 1-5 所示，把国家统计局公布的数据以图形的形式呈现出来，这样生产总值和同比增长等数据在视觉上就有了主次之分。对于随时间产生的数据，如四个季度的同比增长值，可以使用折线图来呈现数据趋势；对于第一产业到第三产业的数据，可以利用柱状图对产业增长值进行对比。同时，为了呈现增长率的对比结果，可以用柱状图和折线图的组合形式进行展示，这样可以让读者对内容更加清晰。

图 1-5

综上所述，在数据可视化的呈现中，表格优于文字，图形又优于表格。图形就是把数据转换为图形展示，把抽象转换为具象，正所谓"一图胜千言"。好的图形会说话，好的图形可以抓住用户的心。

与此同时，对于不同结构的数据要选用不同的图形进行呈现，每种图形都需要科学地设计，这样才能准确地表达数据。本书的第 2 章将为大家讲解图形选用和图形设计的方法，这也是做好数据可视化设计的基础。

1.3 数据可视化设计应用场景

在设计师的工作中，其实处处都有数据可视化的身影。无论平面设计、网页设计、App 设计，还是可视化大屏设计，数据可视化设计已成为 UI 设计师不可或缺的必备能力。

1.3.1 平面设计

因为图形可以直观地对数据进行展示，并且在视觉设计呈现形式上多种多样，所以在平面设计领域中，数据可视化设计的应用非常广泛，如图书、海报、PPT、信息图等，几乎一切能够承载信息的媒介，都会涉及数据可视化设计。相对于产品类的可视化设计，平面类的没有技术开发、适配方面的壁垒，所见即所得，故更易创新，设计上更有灵活性。

如图 1-6 所示的海报设计，其利用图形在咖啡杯上清晰地表示出 CAPPUCCINO 所包含的成分占比，如果这用一段话去描述就会变得非常抽象，没有看点。再比如图 1-6 中吴晓波在"预见 2020 跨年演讲"上使用的 PPT，其大量使用了图形，易读易懂、简洁美观、突出重点，非常吸引观众的眼球。

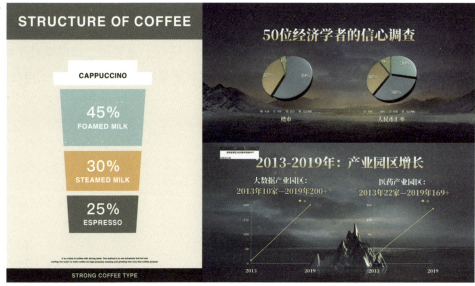

| 海报 | 吴晓波"预见2020"跨年演讲PPT |

图 1-6

1.3.2　后台产品和中台产品

在后台和中台的产品中，除了纯运营类产品，其他的几乎都会涉及数据统计分析的功能。数据的合理展示非常能体现 UI 设计师的专业能力，无论对于静态数据还是对于实时变化数据，如果不了解数据结构，选错图形或不加思索地使用开发模板上的默认图形，不仅会让使用者解读起来非常困惑，还可能会使他们对数据的理解产生错误，导致工作上的失误。

图 1-7 和图 1-8 所示分别为 Jeecg-Boot Pro 后台模板开发产品和中台数据产品的界面。这类产品的设计需求与数据可视化密不可分，设计师只有掌握了数据可视化设计的正确理念，才能给用户提供全面易懂的数据信息，助力用户决策且高效地使用产品。

图 1-7

图 1-8

1.3.3 可视化大屏产品

数据可视化一定会涉及具有科技感、炫酷的可视化大屏设计。在设计前,设计师需要了解产品需求;在设计过程中,设计师要做好数据理解、图形选用、色彩把控、动效设计、掌握科技感风格、3D 效果设计等工作。因此,可视化大屏的设计往往对设计师的要求更高。如果设计师能把可视化大屏设计好,那么他对其他数据类产品的设计也会变得得心应手。

接下来我们来看一个案例,图 1-9 是首都国际机场实时数据看板大屏设计图,其业务是通过展示机场的实时进出港数据,为工作人员提供相关信息,帮助他们做好决策。大屏中的 3D 地球可进行交互,用鼠标点击可以放大或缩小,拖转地球可以查看地理信息数据,同时流动的光线是进出港飞机的飞行路径,通过路径疏密的呈现可以看出进出港航班数据量的大小。

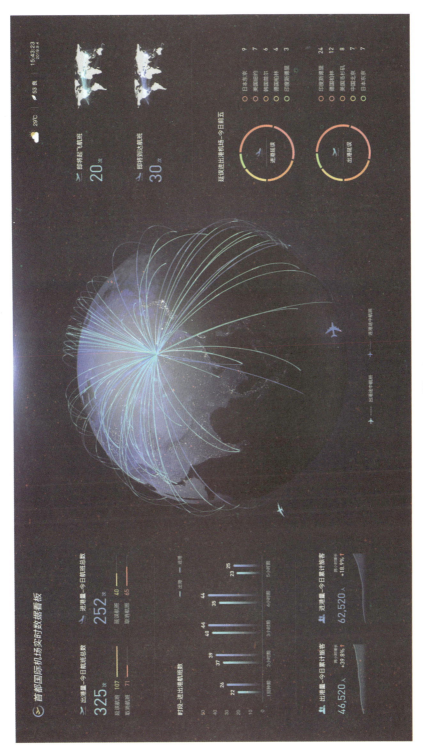

图 1-9

图 1-10 是阿里巴巴 2018 年"双十一"2000 亿彩蛋的大屏设计，数据周边围绕着世界各地的标志性建筑，体现了阿里巴巴电商全球化的布局，这样的设计充分体现了视觉艺术与数据结合的魅力。

图 1-10

1.4 如何学习数据可视化设计

正确认识和理解数据是做出优秀数据可视化产品的前提，而把控数据可视化产品的设计风格也尤为重要，如科技感、炫酷感、动感及 3D 场景的设计。

1.4.1 数据可视化设计必备技能

对于 UI 设计师来说，大屏设计需要学习更多的技能，比如数据表达能力和对图表、建筑的视觉表达和 3D 效果的设计能力。而对大屏设计风格的把握，如科技感、FUI（Fantasy User Interfaces，幻想用户界面）风格等，特别考验设计师的想象力和对科技产品的表达能力。

数据可视化大屏产品特别注重视觉表现，很多时候你会听到老板说，"我们要做一个炫酷、高大上的数据可视化大屏"，而在做 App 产品时通常却会说，"我们要做什么东西，解决什么问题"。从这些要求来看，你可能已经体会到数据可视化大屏产品往往更能体现视觉设计的价值。

在实际工作中，针对可视化大屏产品的设计，设计师最好从产品需求到产品落地都进行深度地参与，必要时需要主导整个产品的开发，因为数据可视化产品的需求一般较为简单，交互属性较弱，故产品经理与交互设计师的参与度较低。设计师作为重点参与的角色，需要有全局观，从理解需求到使用场景的研究，再到良好的交互体验，都需要与视觉设计结合。这样的工作能充分锻炼设计师的全栈开发能力，而设计师的能力越全面，越能更好地助力产品的设计。图 1-11 是数据可视化设计师需要具备的技能。

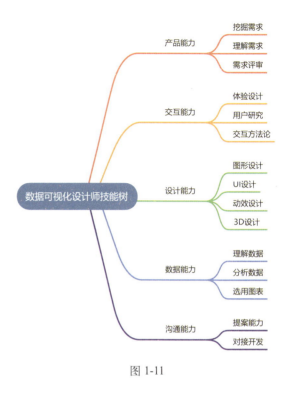

图 1-11

1.4.2 数据可视化设计四要素

由于大多数刚接触可视化大屏的 UI 设计师通常都有其他产品类型的设计经验，具备一定的产品设计功底，因此对数据可视化设计比较容易上手。

数据可视化设计的要素有四个：第一，设计师要有数据感，能够通过设计表达数据；第二，能够驾驭科技感、FUI 等设计风格；第三，具备动效设计的能力，因为大屏强调动感体验；第四，具备 3D 设计的能力，能够直观地展示数据可视化的真实场景，如图 1-12 所示。

图 1-12

1. 数据感

当你拿到一组数据时,第一步要对数据进行正确的解读,然后选用最适合的图表进行表达,最后对图表进行合理的设计。

要想培养数据感,建议大家把 Echarts(可视化图表组件)网站中的图表全部研究一遍,再对其中不理解的图表进行拆解并研究其中的数据结构。这样,当工作中遇到同样的数据结构时,就能够高效、正确地选用图表。如图 1-13 所示,是拆解平行坐标图数据的方法。

分类	Price	Net Weight	Amount	Score
折线一	20	120	60	Excellent
折线二	13	100	83	Good
折线三	10	80	78	OK

图 1-13

另外，设计师还要了解常用图表的样式和扩展性，比如分类过多的趋势数据是如何呈现的，图 1-14 中是可以使用滑块的折线图。同时，设计师还可以结合业务需求，通过在滑块的缩略图上增加数据高点或低点的预警提示等进行扩展设计。

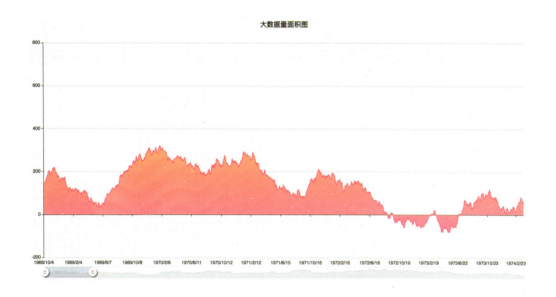

图 1-14

2. 设计风格

大屏多数以科技感强、暗色系的风格为主，设计师要做的就是把产品需求与"科技"这个词结合起来，并通过视觉设计的方式呈现出来，让用户产生共鸣。

在设计开始前，设计师需要先将与"科技"相关的关键词进行提取，比如可能会想到太空、人工智能、全息投影、粒子、机器人、AR/VR、武器、科幻电影、科幻城市、宇宙飞船、FUI 等，然后再结合产品自身的属性对关键词进行筛选，接着通过关键词搜索相关图片。如图 1-15 所示，在 Behance 网站搜索 HUD 就有众多具有科技感元素的图片可供参考，之后再利用合适的图片定义设计风格。另外，设计师也可以搜索相关产品并挖掘它们的设计共性作为设计参考。

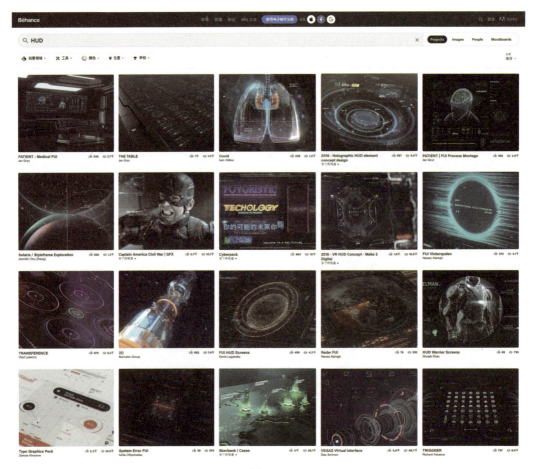

图 1-15

3. 动效设计

产品动效通常分为两种：交互动效和视觉动效。交互动效可以增加产品的操作体验，如可预期性、连续性、关联性等；顾名思义，视觉动效可以增强产品的视觉体验，观赏起来更具愉悦感。如果可视化大屏设计有动效的呈现，则数据就会显得灵动，产品会表现得有活力。另外，动效还能够渲染产品的风格和主题。

视觉动效需要结合业务场景进行设计，不能为了动而动，要有目的性，否则可能会适得其反。学习动效设计，要做到对软件熟练运用。例如，After Effects（简称 AE）就是非常出色的动效设计软件，它的设计效果不仅强大，而且还能够助力动效的落地，减少开发成本，这些在后面会进行详细讲解。

4. 3D 设计

3D 设计能够直观地展示数据可视化的真实场景，这也是目前数据可视化产品追求的效果，如 3D 场景的智慧城市、3D 地球、3D 人物等效果。以 3D 的视角还原真实的场景，能呈现一种更有沉浸感的视觉表现。

用于数据可视化 3D 设计的软件非常多，如 Cinema 4D（简称 C4D），AE，Ventuz，Unity3D（简称 U3D），Unreal Engine 4（简称 UE4）等。其中，有的是做视觉呈现的，如 C4D；有的本身就是开发软件，如 U3D，UE4，它们在运用和学习上有很大的区别，这些内容在第 6 章会详细介绍。

1.4.3 建立数据可视化设计学习体系

学好设计在任何时候都离不开三个层面：多看、多练、多思考，对于数据可视化设计的学习也同样如此。这是建立学习体系非常有效的方法，多看有助于提高审美，多练有助于提高技术，多思考有助于提高创造力。

1. 多看——建立自己的灵感库

一般来说，多数设计师很难设计出自己没见过的作品，比如你从来没见过数据大屏，在设计时肯定无从下手。同理，看过的数据可视化大屏越多，设计起来也就会越得心应手。多看是提升审美和眼界的绝佳方法，看得越多越容易有灵感，越容易了解自己的水平，设计的边界也会越广。多看，不仅仅只看优秀的设计作品，还要多看相关的图书和文章，学习设计的方法论，以全面提升设计能力。

很多设计师都有自己的灵感库，这源于设计师的"职业病"——喜欢收集一切美的事物。例如，在地铁上看到好看的海报就拍下来，刷微博看到独特的设计就收藏起来，旅游途中看到不一样的风景也会拍照记录，几乎每天都会在设计平台上浏览优秀作品。这样做都是为了提升自身的审美，也是为了收集更多优秀作品来丰富自己的灵感库。图 1-16 所示是笔者的手机和电脑中收集的作品截图。

另外，设计师还要学会怎么去"经营"灵感库，做到时常浏览更新。当发现灵感库中有不值得收藏的作品时，说明你的审美提升了，这时就要把它及时清理，以保证灵感库的质量。通过日积月累的收集，你的作品会越来越精，当做项目时灵感库会让你的工作事半功倍，并能有效产出高质量的设计。

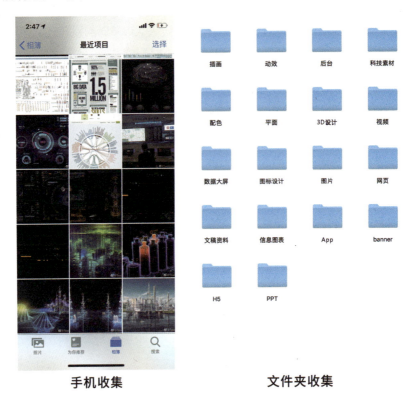

手机收集　　　　　　　　　　文件夹收集

图 1-16

2. 多练——提高设计水平

熟能生巧一直是不变的真理，多练指的是刻意练习。曾经听过一个很棒的理论：成就 = 核心算法 × 大量重复动作²。核心算法是不断学习的动力，大量重复动作就是刻意练习。比如，在学习字体设计时，即使你学会了各种技法，但如果没有长时间的练习也很难做出优秀的作品。再比如，在学习新软件时，即使你看完了所有教程并做完了所有教程案例，但如果没有结合自己的思考做更多的练习，过段时间可能就会忘得干干净净。因此，在学习软件时设计师一定要结合自己的思考，产出一些有自己想法的原创作品。在这个过程中，既能锻炼自己独立思考的能力，又能通过解决学习过程中的问题而理解其中的原理，加深学习的记忆，实现更好的学习效果。

3. 多思考——提高创造能力

很多时候设计是创造性的工作，而创造的前提就是要有思考力，这点也是你成为优秀设计师的必备基因。产品设计的创造性体现在有意识地解决问题，并且做到能适用、能落地，而不是为了创新而创新。如图 1-17 所示，定位图标与环形图的结合就是具有创造性的设计，其解决了环形图在地图上展示突兀的问题，不仅有创新还能落地。

图 1-17

在设计的过程中，多思考能够打破固有的思维认知，实现一次又一次的设计突破，这就是设计能力提升的过程。在产品设计中，不断了解业务、研究用户、不拘泥于习惯、敢于突破、有判断力和执行力等，都是具有思考力的表现。

本章讲解了什么是数据可视化设计，并和大家一起感受了数据可视化的魅力与价值，以及如何对数据可视化设计进行学习。

总的来说，数据可视化就是把复杂、抽象的数据以更加容易理解的形式展示出来，通常应用于平面设计、网页设计、App 设计、可视化大屏设计等。如果你要想学习数据可视化设计，首先要从认识数据结构、合理匹配图表开始，其次要注意对设计风格的把控和 3D 效果设计的掌握。通过本章的学习，相信你对数据可视化设计已经有了更全面的认识，下面让我们开启第 2 章的学习之旅吧！

02

图表设计

图形是对复杂、散乱数据进行管理的管家，设计师则是挑选、塑造管家的主人。若要真正做好一个图形，就需要设计师对数据正确理解后，选用合适的图形把数据可视化的效果呈现出来，并且对图形进行有深度的设计。在这个过程中，数据的分析、图形的选用和设计，都是至关重要的，它们直接影响图形表达数据的合理性，以及数据信息呈现的完整度。

一个优秀的图形应该具备三个特质：第一，图形能够有效地传递信息；第二，能够满足业务需求；第三，图形制作精良，视觉效果吸引人。

大多数人对柱状图、饼图、条形图这些简单图形的数据结构比较熟悉，但对桑基图、韦恩图等所适用的数据结构却未必了解。而只有认识大量的图形，并且了解其所对应的数据结构，才能更好地运用和设计图形。能够把数据类产品设计得出彩的设计师，一定是一位图形达人。下面让我们开启成为图形达人的学习之旅吧！

2.1 图形分类

本节分享图形的分类，从而来认识图形并了解不同图形的数据结构。常见的图形可以分为随时间变化、类别比较、排名、占比、关联、分布、关系共七大类，这些图形能够表达出绝大多数的数据结构。

2.1.1 随时间变化图形

随时间变化图形，是对一段时间内数据的展示，如单个或多个分类数据之间的趋势变化和比较。常见的图形有折线图、柱状图、堆积柱状图、面积图、蜡烛图、瀑布图等。

1. 折线图

折线图常用于表示一个连续时间段内数据的变化趋势，主要功能是能够清晰地反映出数据随时间变化的趋势。如图 2-1 所示，折线图不仅能展示不同月份的温度趋势，还能清晰呈现数据的峰值和低谷。折线图也可以是多条线的，用来分析多组数据随时间变化的趋势及数据间的趋势比较。

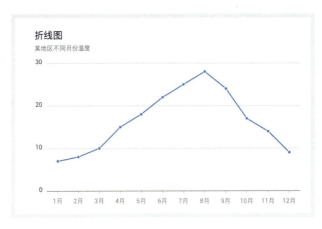

图 2-1

2. 柱状图

柱状图是最常用的数据可视化图形之一，可用于随时间变化而产生变量的数据统计中。如图 2-2 所示，柱状图能展示店铺每月销售额所对应的数据，也能反映出各个月份销售额的对比情况，并且通过图形能够快速了解销售额最多和最少的月份。

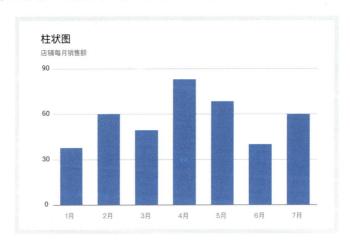

图 2-2

3. 堆积柱状图

堆积柱状图可以展示两个或多个数据的变化，以及数据之间的综合比较情况。如图 2-3

所示，两个店铺每月的总销售额用堆积柱状图展示，在坐标轴的每个品类上都有两个数据，可以形象地展示每个品类的数据总量。另外，还有一种是百分比堆积柱状图，每个柱子都是100%，柱子中有不同的占比分类。

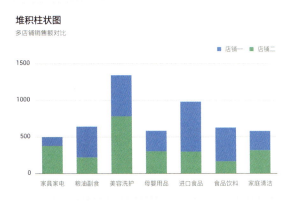

图 2-3

4. 面积图

图 2-4 所示为面积图，展示了某个地区在一年内不同月份的降雨量数据，其能够形象地表示降雨量的多少。与折线图唯一不同的是，其自变量数据和坐标轴之间有颜色填充，这样能更加突出数据的趋势变化。在设计时，填充的颜色一般需要有透明度，这样在表示多组数据时就不会相互覆盖彼此的数据信息。

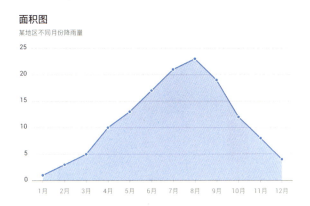

图 2-4

5. 蜡烛图

在西方的技术分析领域中，蜡烛图也叫 K 线图，常用于股市和期货市场。图 2-5 所示为股票的 K 线图。K 线是围绕开盘价、最高价、最低价、收盘价等来反映市场趋势和价格信息的，如图 2-6 所示。随着时间的推移，还可以呈现周 K 线图、月 K 线图等。

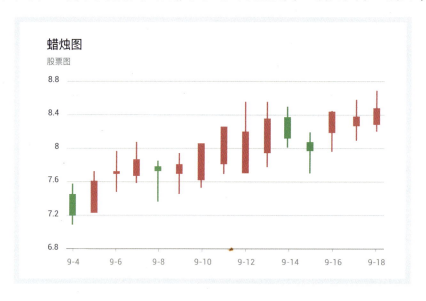

图 2-5

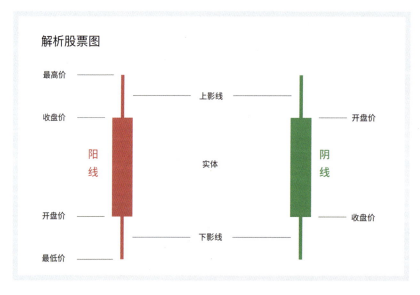

图 2-6

6. 瀑布图

顾名思义，图形形似瀑布流水而被称为瀑布图，也被称为阶梯图。同样，它也可以呈现随时间变化的数据，展示某时间段内起点到终点的数据变化。不同于堆积柱状图，瀑布图能够重点突出数据变化的结果，以表示多个特定数据之间的变化关系。如图 2-7 所示，瀑布图直观地展示了每个月企业员工的增减数量，以及最终的结果统计数据。

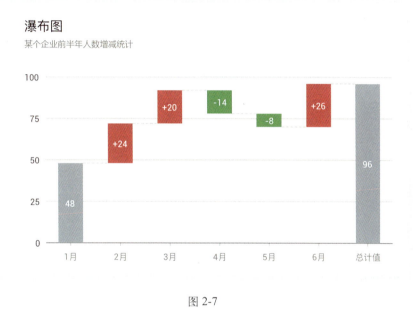

图 2-7

2.1.2 类别比较图形

类别比较图形主要用于两个或两个以上类别数据的比较。常见的类别比较图形有柱状图、分组柱状图、气泡图、平行坐标图、多条折线图、子弹图。

1. 柱状图

柱状图不仅可以用于表示时间维度的数据变化，还可以用于类别的对比。图 2-8 所示为店铺内各类商品销售量的比较，以长度为变量，比较两个或多个不同类别的情况。与随时间变化柱状图不同，它可以表示类别数据的大小。

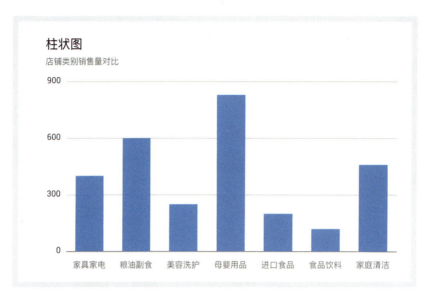

图 2-8

2. 分组柱状图

分组柱状图可以在同一数轴上展示各个分类下的不同分组数据。图 2-9 所示为三家企业产品开发部门的产品部、设计部、技术部的人数对比情况,由此可以清晰地看出 C 企业设计部的人数最少、技术部的人数最多。

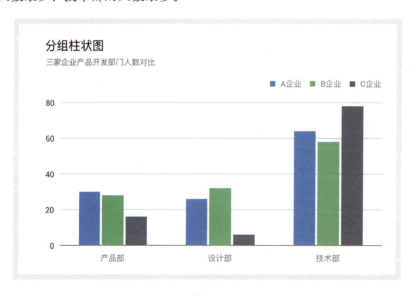

图 2-9

3. 气泡图

气泡图可以轻松驾驭二维到多维的数据展示，其中二维气泡图类似于柱状图中两个维度的数据展示，3D 气泡图中气泡的大小可以表示相对维度的数据变量。图 2-10 所示为从三个维度作数据的对比分析，即用每个季度的广告费支出来反映销售额的变化。

多维气泡图则是用不同颜色、大小的气泡代表不同维度的数据。除此之外，气泡图还可以用于地图，表示不同地理位置的数据变化。

气泡图原始数据

季度	广告支出	销售额
第一季度	30万元	553万元
第二季度	62万元	648万元
第三季度	83万元	750万元
第四季度	39万元	498万元

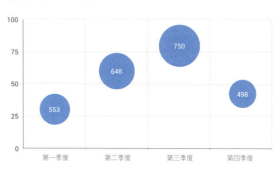

图 2-10

4. 平行坐标图

平行坐标图常用于克服笛卡儿坐标系，但不能多维展示数据的分布及关系。它可以用多个垂直平行坐标轴来展示不同维度的数据，其中坐标轴上的折线变化表示不同维度的对应值，以颜色区分类别。图 2-11 所示为某个企业的三个销售部门在四个城市的销售得分，最后根据得分平均值得出一个等级结论。

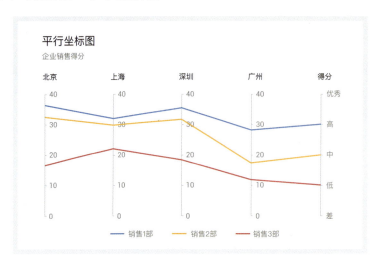

图 2-11

5. 多条折线图

多条折线图不仅可以表示数据随时间变化的趋势，还可以展示多组数据的对比情况。图 2-12 所示为公司在两个年份中每月的销售额变化趋势。

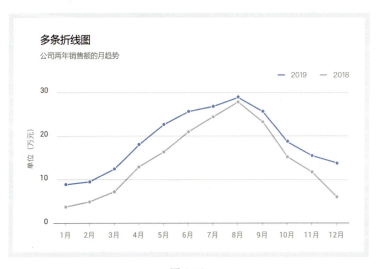

图 2-12

在设计多条折线图时，要考虑数据的主次关系。在图 2-12 中，2019 年的数据用有颜色的折线重点突出，因为它们是最新数据，也是重点关注的数据，而往年的数据只是作为参考，在设计上可以弱化处理。在设计图形时，很多时候设计师可以通过设计手段助力数据的表现。

6. 子弹图

子弹图，顾名思义，就是样子很像发射子弹后带出的轨道的图表。子弹图的数据展示类似于仪表盘，它的优势是可以表达丰富的数据信息，并且在 UI 设计中占用的空间相对较小。子弹图的数据值是提前设定好的，图 2-13 中所示的差、良、优及目标值和实际值都可以作为动态数据呈现。子弹图是线性表达方式，相对于圆形，其更能高效地传递信息。

图 2-13 展示了企业年度的运营情况，如营收、利润率、新客户，并将这些数据展示得一目了然。不仅如此，子弹图还可以继续向下罗列类别，展示更多维度的信息。

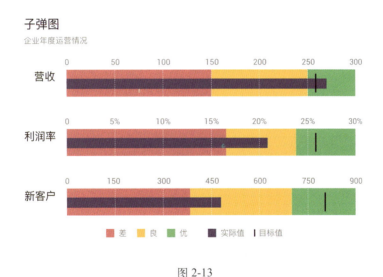

图 2-13

2.1.3 排名图形

排名图形可以展示每个分类数据的排名顺序，还可以直观地展示最大数和最小数等。常见的有序条形图、有序柱状图及平行坐标图，都可以作为排名图形使用。

1. 有序条形图

有序条形图主要用于展示各个分类的数据排名。图 2-14 所示为店铺各类商品销售额的展示，通过它能够直观地呈现商品的排名情况。有序条形图是最常用的排名图形，因为其是线性结构，而对于微小数据间的对比也能有很好的易读性。

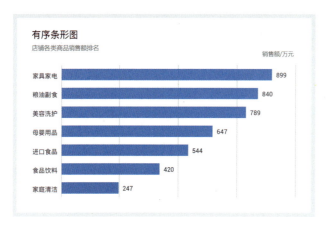

图 2-14

2. 有序柱状图

与有序条形图一样，有序柱状图也能呈现数据的排名情况。需要注意的是，如果分类天生带有排名，就不可以打乱，比如自带时间顺序的。如果打乱排名就会破坏数据随时间变化的结构性。图 2-15 所示是各类商品销售额的数据展示，可以看出它们呈现有序排列。

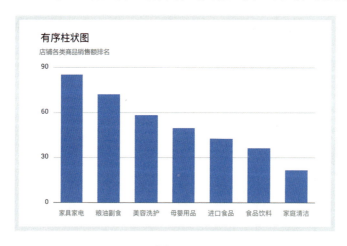

图 2-15

3. 平行坐标图

平行坐标图不仅可以用于不同类别数据的对比（如图 2-11 所示），也可以用于展示数据的结果排序。如果数据既需要展示各个维度类别的对比，又需要体现最终排名情况，那么平行坐标图非常适合。

2.1.4 占比图形

占比图形主要用于展示分类数据占整体的比例情况，常用的图形有饼图、环形图、堆积面积图、矩形树图、旭日图等。

1. 饼图

提到数据的占比，相信你第一个就会想到饼图，如图 2-16 所示。饼图是展示占比数据最直观的图形，通过弧度大小来表示分类的占比多少。但饼图有一定的局限性，当占比数值接近或占比分类过多时，在视觉上就不容易辨别各个类别占比的大小。

在数据可视化产品中，因为饼图是大面积的色块，视觉上会非常突显，很容易抢走重要数据的风头，所以使用时要酌情考虑。

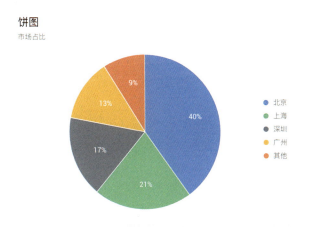

图 2-16

2. 环形图

环形图与饼图最明显的区别就是中间区域是空的。因为环形图的视觉表现不像饼图那样突出，在环形图的空心区域还可以放图标、标题、数据等，相对饼图其利用率更高，所以在数据可视化产品中更受欢迎，如图 2-17 所示。

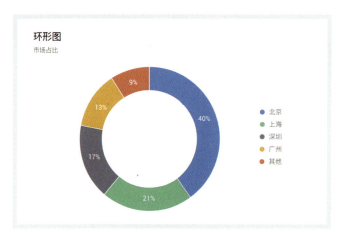

图 2-17

3. 堆积面积图

堆积面积图是叠加数据，没有重叠的部分，它的整体色块面积就是数据总量，其中不同的分类数据可展示不同的占比情况。图 2-18 所示不仅可以展示店铺三种商品的总销量，还可以展示每种商品在对应月份上的占比情况。

图 2-18

另一种形式的堆积面积图是 100% 堆积面积图，即所有分类的总占比为 100%，其同样是展示总量下分类的占比情况，只是数据结构有差异。

如果堆积面积图是随时间变化的，则能体现数据的时间趋势；如果它不是随时间变化的，则主要强调占比和对比情况。除了用堆积面积图，你还可以考虑使用堆积柱状图。

4. 矩形树图

矩形树图是非常直观的占比图形，可展示多层级结构的占比情况。如果用不同颜色表示各个分类，则可以在大分类中不断下钻二级分类。图 2-19 所示为某些手机品牌及下钻到二级的型号分类。需要注意的是，在不断下钻的同时要保证图形的易读性。

图 2-19

5. 旭日图

旭日图相当于多个饼图，能够展示多层级的数据，同时还能够表示各分类的关系及占比情况。如图 2-20 所示，不同的颜色代表不同的分类，一个圆环代表一个层级，每个层级中可以有多个表示此层级下占比的类别。旭日图最内层的圆环层级最高，越往外层级越低。

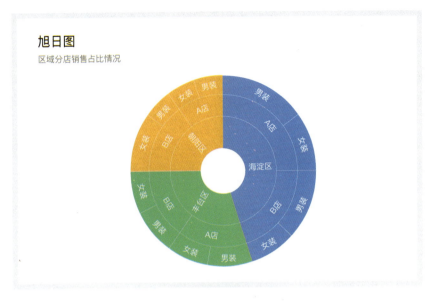

图 2-20

2.1.5 关联图形

关联图形展示两个或两个以上的数据变量之间的关系，常见类型有散点图、气泡图、柱状图＋折线图、热力图等。

1. 散点图

散点图是将所有数据以点的形式展示在坐标系上，点的位置由 X 轴和 Y 轴的变量数值决定。点越聚集说明数据的关联性越强，反之关联性越弱。

图 2-21 展示的是不同性别的身高和体重的数据，通过散点图中数据点的分布可以看出数据的聚集区域和分散区域，还可以通过平均值将散点图分为四个象限，这样能够更清晰地看到数据的分布情况。

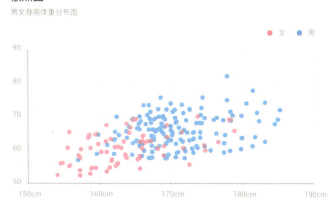

图 2-21

2. 气泡图

气泡图可以展示多维的数据。在图 2-22 中,气泡代表产品的类别(当鼠标移入时可显示产品名称),气泡大小代表产品的利润,不同的颜色代表不同的店铺,并且这里可以增加更多的店铺,X 轴和 Y 轴分别表示产品的单价和销售数量。在图 2-22 中总共展示了五个维度的数据,因此当在工作中遇到类似这样多维的数据结构时,可以优先考虑使用气泡图。

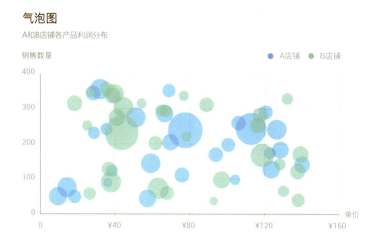

图 2-22

3. 柱状图 + 折线图

柱状图 + 折线图可以表示关联关系。如图 2-23 所示，通过柱状图能看出每个月的销售数据，而折线图能体现出利润率。这样的图形一般需要配合交互操作来查看数据，如鼠标光标移入或点击展示具体数据。

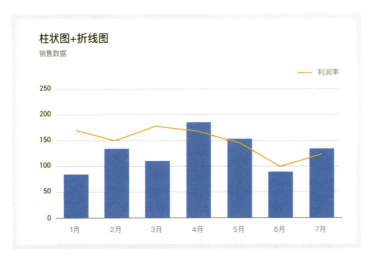

图 2-23

4. 热力图

热力图一般使用冷色到暖色的不同颜色表示数据从大到小的权重，或用同色系颜色的深浅来表示数据的多少。热力图可以在坐标轴上呈现数据的大小分布，也可以在地图或图片上使用。如图 2-24 所示，在设计稿上做的眼动测试，通过热力图可以直观地看出界面中用户眼睛重点浏览的区域，这样就能分析界面设计的合理性。

热力图
眼动测试

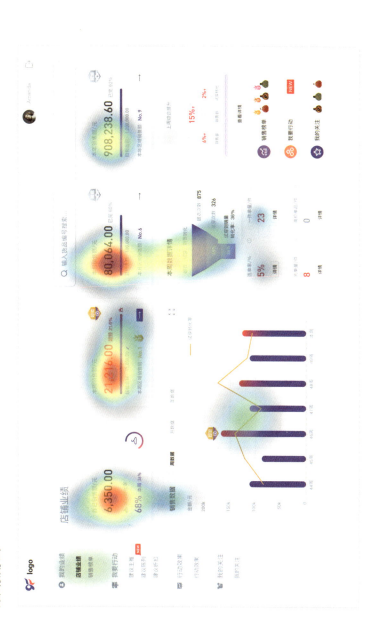

图 2-24

2.1.6 分布图形

分布图形主要用于展示每个数值在数据集中出现的频次或数量，常见类型有直方图、箱形图、小提琴图等。

1. 直方图

直方图与柱状图非常相似，但在数据表示上，直方图主要展示数据的分布情况，而柱状图是比较数据的大小，这是两者最根本的区别。直方图是在连续间隔或特定的时间段内展示数据的图形，一般表示一组数据的频次和分布情况。

图 2-25 展示的是某个城市人口的年龄分布，把年龄分为 0～10、11～20、21～30 等若干组，通过图形可以看出人口的众数是 41～50 的数据，中位数是 21～30/61～70 的数据（众数是一组数据中出现最多的数据，中位数是数据集合中间的数据）。

因为直方图中的区间是连续的，所以柱子之间无间隔，另外直方图的柱子宽度有可能是不一样的。图 2-25 中 81～100 的数据分布，就表示这段数据是一样的。在设计直方图时，开始的柱子最好能与 Y 轴有一定的间隔，如图 2-25 中两个 0 的位置不在一个点上，这样能避免与 Y 轴重合。如若不留间隔，就最好把 Y 轴的线段去掉，避免重合。

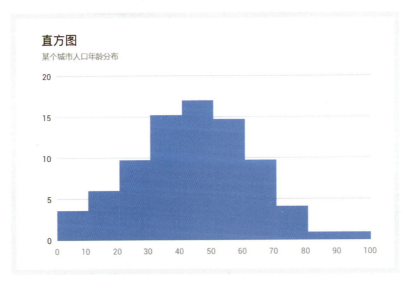

图 2-25

2. 箱形图

箱形图因形状类似于箱子而得名，其能够很好地展示一组数据的分布情况，以及分析一组数据的最大值、最小值、平均值、四分位数。

图 2-26 所示是对箱形图的解析，箱子最中间的一条线是数据的中位线，代表这组数据的平均值。箱子的上下限是数据的上下四分位数，四分位数是将一组数据分为四等分点，下四分位线是在数据分布中 25% 的位置，上四分位线是在数据分布中 75% 的位置，也就是说箱子中包含了 50% 的数据，所以箱子的高度能在一定程度上反映数据的波动程度。箱子的上下各有一条线，分别代表最大值和最小值。超出的圆点表示异常值，不在正常数据中统计。

解析箱形图

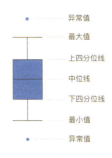

图 2-26

在图 2-27 中可以看出"后端工程师"的薪资波动最大，"UI 设计师"的平均薪资要高于"交互设计师"。"产品经理"中有一项异常值，可以理解为这组数据中可能存在超高薪资的产品经理，其数据不具备参考性，故不算在正常的统计中。箱形图的特点是能过滤掉异常值的影响，准确地展示数据的分布情况。

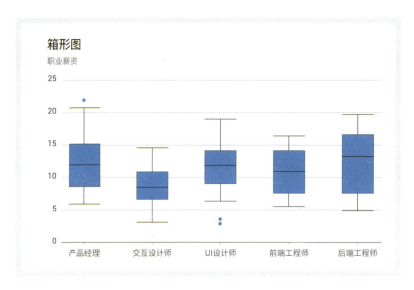

图 2-27

3. 小提琴图

小提琴图结合了箱形图的特征，同样是展示数据的分布情况。在图 2-28 中白点是中位数，上下边界与箱形图的箱子一样为四分位数的范围。细黑直线被称为须，表示数据的分布区间；外部的胖瘦形状表示数据分布的密度。

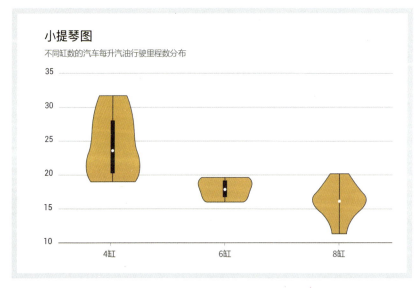

图 2-28

从图 2-28 中可以看出 4 缸汽车的油耗最不稳定，因为四分位线的上下间隔最长，这表示数据分布较为分散；6 缸汽车的四分位线的上下间隔最短，表示数据分布集中，油耗较为稳定；8 缸汽车的数据分布跨度最大，说明油耗最不均匀，并且在图形中靠下的位置，说明最耗油。

2.1.7 关系图形

关系图形可以表示多个状态之间的关系及数据移动的变化，常见类型有桑基图、和弦图、韦恩图等。

1. 桑基图

桑基图也被称为桑基能量平衡图，因为桑基图始末端的分支宽度总和相等，可以表示数据间的关系和一种特定类型的流程图。

桑基图主要由流量和节点组成，图 2-29 中的各个国家是图形的节点，流动的线条代表流量，线条越宽表示流量数据越大。桑基图常用于能源流向、收入支出、人员流动等数据的可视化展示。

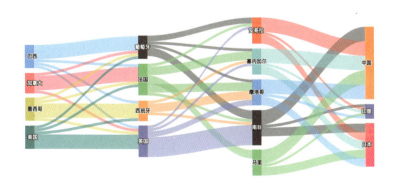

图 2-29

2. 和弦图

和弦图用于表示数据间的关系，外围的不同颜色代表不同的分类节点，节点间的连接线被称为边。如图 2-30 所示，图中不同颜色的节点代表不同的国家，节点大小表示数据的多少。节点上边的数据表示与当前国家有数据来往的国家的数量。边的宽度表示数据量的大小，边的初始宽度表示当前国家到目标国家的数据量，边的结束宽度表示目标国家到当前国家的数据量。如果首尾连接边的宽度一致就表示单向流量，如果首尾连接边的宽度不同就表示双向流量。

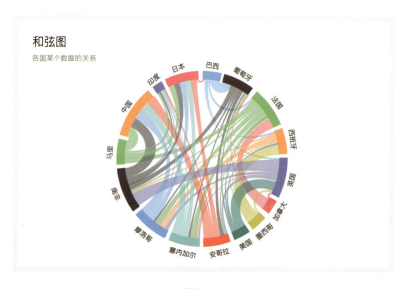

图 2-30

3. 韦恩图

韦恩图是通过图形与图形的叠加，表示集合与集合之间的相交关系。如图 2-31 所示，具有 A 特征的有 14 人，具有 B 特征的有 9 人，其中 A、B 两个集合的重叠部分表示有 7 人同时具有 A、B 两种特征，这就是韦恩图表示的数据结构。韦恩图一般用于表示 2～5 个集合的关系，过多的集合将很难分辨。

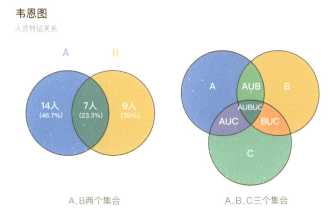

图 2-31

2.2 图形选用

对图形的认识让我们学会了如何看懂图形、读懂图形中的数据结构,以及它们表达的数据关系。但这未必能让我们恰当地选用图形进行设计,而只有会选用图形才算是敲开了数据可视化的大门,这其中要学会分析数据、提炼关键业务指标、明确数据关系及主题等。

2.2.1 KPI 图的妙用

当展示 KPI(关键绩效指标)数据时,通常用数字直接呈现结果,同时用设计手段突出数据,数据的这种呈现方式被称为 KPI 图。在设计 KPI 图时,需要加强数据的视觉效果,如加大字号、使用对比强的色彩、设计辅助元素等。这种设计形式适用于界面当中的总数据、关键指标数据、结果数据等。

图 2-32 中展示的是 2019 年的销售额统计,其主要强调的是 2019 年的数据。如果用柱状图展示则不能将此年度的数据重点突出,而用 KPI 图可以达到这一效果,并且可以用同比的方式将其与 2018 年数据的对比展示出来。需要注意的是,在界面的各模块中不宜

出现过多的 KPI 图设计，否则容易没有主次。

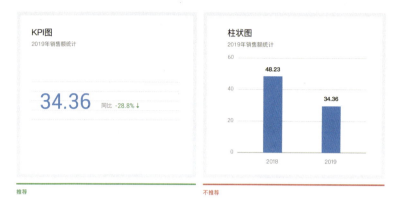

图 2-32

2.2.2 巧用真实数据选图形

有时候了解真实数据的情况，有助于设计师更好地选择和设计图形。比如图 2-33 中的饼图，每个分类占比相当，从图形中很难分辨各个分类的占比大小，这就失去了数据可视化的意义。而如果使用条形图，分类的对比情况就能比较直观地展现出来。

对于实时传输的数据，由于无法提前了解，这时就需要对图形做合理的设计，让图形更具包容性。比如，将图 2-33 中的饼图换成带有引线的饼图并把数据标示出来，再或者把饼图与图例设计成左右结构且把数据标示出来，这样虽然从图形上依旧不好辨别大小，但从标示的数据上能够得到弥补。

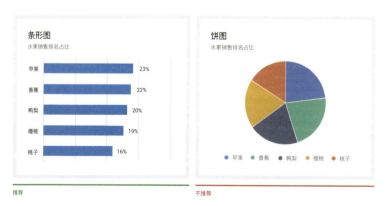

图 2-33

2.2.3 从突出价值数据选图形

若要把数据体现得更有价值，设计师就需要了解业务和数据，懂得它要表达的内容。图 2-34 所示为预警报告所展示的图形，从业务上来讲，其会更关注预警人员的占比情况，因此饼图把未预警占比数据展示出来没有任何意义，喧宾夺主且在视觉上造成干扰，而使用环形图只对预警的占比数据进行展示，更能突出重点。

突出价值数据还可以体现在柱状图、条形图、折线图等各类图形上。比如，柱状图在展示几个年份的数据时，可以用色彩重点突出最近一年的数据。与柱状图的用法一样，条形图如若是有序排列的，也可以重点突出第一名或前三名。总而言之，设计师在设计图形前要分析数据并提炼关键业务指标，使图形中的数据信息看起来主次分明。

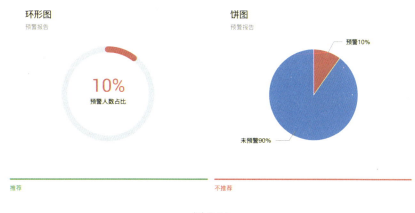

图 2-34

2.2.4 从可读性角度选图形

如果图形的可读性比较差，就会增加用户的理解成本并影响他们的观赏效率。例如，分类过多的饼图在视觉上会不容易辨别；多条折线图的各种颜色相交在一起，杂乱不堪，就会影响可读性。

不仅如此，我们还会经常看到一些柱状图，由于它们分类的字数过多，因此常常采用垂直、倾斜、省略的方式排列文字，这样就直接导致文字的可读性变差。如图 2-35 所示，文字垂直排列不仅会影响图形的美观性，而且还会占用较大的空间。虽然倾斜的文字能解决字数过多的问题，但阅读效率会大打折扣。这种情况推荐用条形图展示，因为条形图对字数过多的分类展示有极佳的包容性。

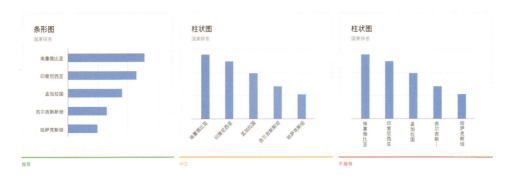

图 2-35

2.2.5　3D 图形的科学运用

3D 图形有非常好的视觉表现力，但很多人认为在一定程度上 3D 图形的透视效果对数据可视化的呈现不够准确。其实设计合理的 3D 图形不会因为透视的问题而导致数据不能客观呈现。3D 图形呈现数据准不准确的关键在于设计，举个例子，图 2-36 所示是乔布斯在 2008 年一次演讲中的图形设计，你看出什么端倪了吗？

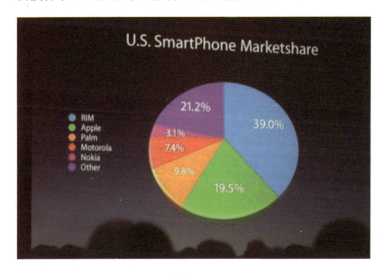

图 2-36

Apple 的占比是 19.5%，但面积看起来大于 Other 的 21.2%，这并不是 3D 图形的错，只是设计者为了渲染 Apple 的数据占比，把饼图的圆心往上挪动了。

为了验证事实，笔者用 Highcharts 工具重新还原各个分类的数据比值，呈现的是一个非常客观的 3D 饼图，如图 2-37 所示，其在视觉上并没有出现 19.5% 的面积大于 21.2% 的情况，因此问题并不是出在图形上。

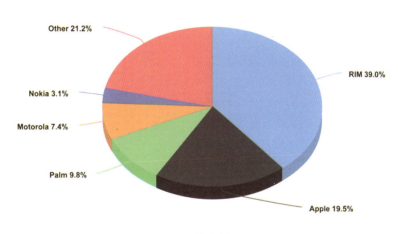

图 2-37

在数据可视化大屏产品中，正确地使用 3D 图形能给产品带来非常出色的视觉表现。但需要注意的是，一个页面中不建议使用过多的 3D 图形，否则会出现"争相斗艳"的视觉感受。对于需要重点强调的数据可以使用 3D 图形，这样能够更吸引人。同时，当页面中的某个区域视觉效果薄弱时，也可以采用 3D 图形的形式来丰富页面，使之保持页面的视觉平衡。

2.2.6 直方图与柱状图

直方图与柱状图非常相似，但在数据表现上还是有所不同。直方图是将数据分组后，统计每组数据出现的频次，通过直方图可以看出数据的分布，如数据的集中、异常、孤立等情况。柱状图主要是对分类数据进行对比分析。

我们常常会看到用柱状图来呈现直方图的数据结构，比如人口年龄的分布，柱状图的分类为 20 及以下、21～40、41～60、60 以上。针对这种分类，由于制定者没有任何根据，因此最终的数据统计呈现并不充分。而如果采用直方图把年龄分组统计，就很容易看出各个年龄段的人口分布情况，如图 2-38 所示。如果柱状图符合业务所需的数据结构统计，当然也可以使用，但当要详细分析人口分布的情况时，柱状图的展示就不够合理了。

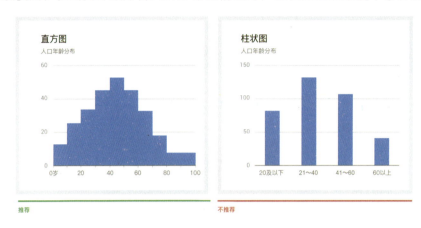

图 2-38

直方图的优势还在于很容易找出数据的众数和中位数，以及数据是否存在缺口或异常值等。直方图有多种样式可以帮助人们分析数据，如图 2-39 所示，图形呈现对称单峰、偏左单峰、偏右单峰、双峰、对称双峰、多峰等样式，每一种样式对数据都有不同的解读。

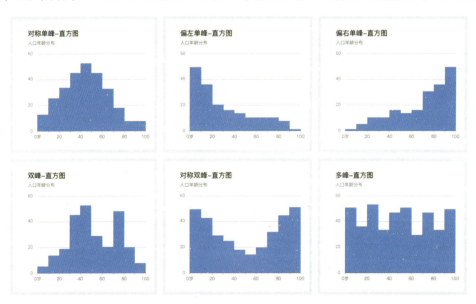

图 2-39

2.2.7 从对比性选图形

当需要统计多个分类的占比情况时,很多人会想到饼图。饼图确实是展示多个分类占比最合适的图形,但如果是两组占比数据分别用饼图展示就不一定合适了,因为两个饼图无法直观地对两组数据的分类做对比,如图 2-40 所示。

图 2-40

为了解决这一问题,可以选用 100% 堆积柱状图展示。如图 2-40 所示,其能有效地呈现出分类的对比。若需要呈现过多的年份,还可以采用 100% 堆积折线图,这样不仅能够表示分类的占比,还能够展示分类数据随时间变化的趋势。

综上所述,选用图形首先要从业务出发,提炼关键业务指标,明确数据关系及表达的主题,然后选择图形进行数据可视化设计。在设计完成之后,最好对图形做有效性验证,比如从产品的角度出发,思考数据是否符合业务规则;从用户的角度出发去重新审视图形,进一步验证图形的数据呈现是否合理且易读易懂,这样能大大提高图形的有效性。

2.3 图形设计

图形优秀的视觉设计和出色的体验及其重要,做好这两点才能体现出设计师真正的价值。好的设计能够成就图形的数据可视化,坏的设计可以毁掉数据的呈现。设计师需要通过设计助力数据的表现,比如突出重点数据、减少视觉干扰,以及在图形上进行扩展性设计和结合主题的创新性设计,这些都是设计师需要具备的能力。

设计师的能力不仅体现在技法上,更多的是体现在思考力上。图形扩展性设计和创新性设计都需要设计师做缜密的思考,只有这样才会有出彩的设计结果。本节会通过大量的案例讲解图形的设计,重点是如何通过有效的思考进行图形设计。

2.3.1 图形视觉层级解析

任何产品的视觉设计都有层次结构,有主要突出的元素,也有需要弱化的部分,而图形的视觉层级也同样如此,只有了解了图形的视觉层级才能合理、有效地设计图形。

以柱状图的视觉层级为例,如图 2-41 所示:

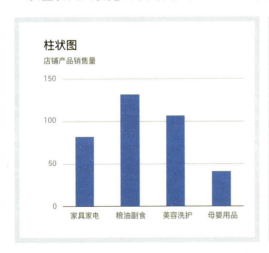
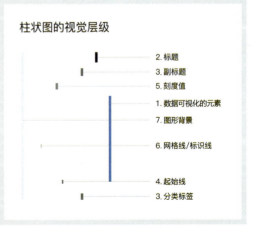

图 2-41

第一层级：数据可视化的元素，也就是柱状体，这是柱状图呈现数据的核心元素。

第二层级：标题，重要但不是核心，明了即可。

第三层级：分类标签和副标题。分类标签用来强调可视化元素是什么，副标题是对图形的备注和解释。

第四层级：起始线。起始线是 0 的刻度线，强调开始的位置。

第五层级：刻度值。弱化刻度上的数值能够突出图形中的数据。

第六层级：网格线也叫标识线，用来标识可视化元素对应的刻度值。

第七层级：图形背景，因为任何元素都呈现在背景上，所以背景层级最低。

2.3.2 折线图的设计原则

折线图可以用于展示数据的趋势变化，通过折线的起伏波动可以帮助人们探究数据背后的逻辑。但如果折线图的设计不够合理，在视觉上就会让人产生错误的认知。

在图 2-42 中，有的折线图的刻度值设置不合理，如中间折线图的刻度值未从 0 开始，导致折线的呈现夸大；右边折线图的刻度值过高，趋势变化呈现过于平缓，这些都是在不客观地表达数据。正确的方式应该是刻度值从 0 开始，随着数据的增减，刻度值也做相应的变化。

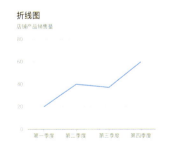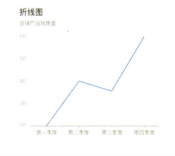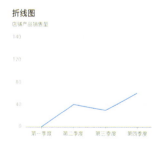

图 2-42

在折线图设计中，还需要注意折线的粗细要适中。在图 2-43 中，其中一条折线过细，这会降低数据可视化的表现；另一条过粗，就会损失折线中的数据波动细节。在产品的图形设计中，一般网格线和起始线都是一像素，折线一般用两像素，这样的粗细会有较好的视觉表现。

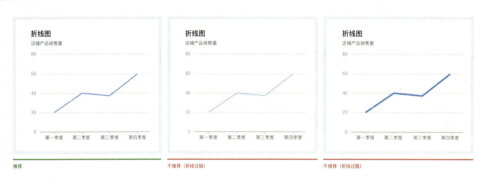

图 2-43

2.3.3 柱状图的黄金法则

柱状图常用来做类别的比较，其中可视化元素为柱状体。那么，柱状体的粗细和间距如何定义呢？下面是一些设计原则。

柱状体不能太粗也不能太细，间距要有规律，这样在视觉上才能有好的表现。在图 2-44 中，中间柱状图的柱子间距过于疏散没有规律；右边图中的柱子间距又过小，视觉上显得拥挤，并且当分类过多时，过小的间距会导致柱状体之间没有独立性，不易阅读。

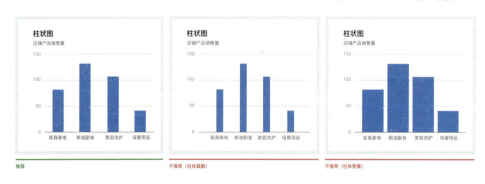

图 2-44

定义柱状体的间距可以用 5 分原则设计法，即柱子之间的间距为 N，左右两边与柱子之间的距离就是 N/2，如图 2-45 所示。这也是很多界面设计中常用的技法，其原理就是接近黄金比例，视觉上较为舒适。同时，在保证界面元素整体协调性的情况下，尽可能把柱子的宽度设计成 N，这样视觉上最为协调，如果不能则一定要保证间距遵循 5 分原则。

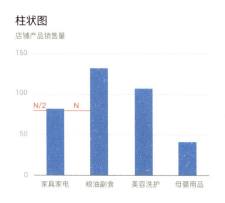

图 2-45

另外，在设计图形前，设计师最好能了解到真实数据，这样才能结合真实的数据来设计图形，尽可能还原落地后的样子。在图 2-46 中，图形的设计和落地后的样子存在较大的差异。问题就出在设计前设计师没有了解数据的真实情况，前端工程师按照设计图把 X 轴的数值固定了。

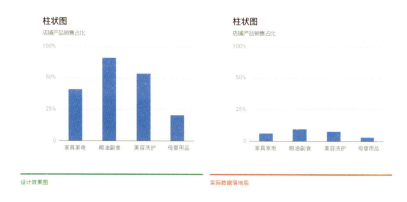

图 2-46

如果不能了解到真实数据或数据是实时传输的，就需要跟前端工程师沟通，把 X 轴的数值做成动态变换方式，即随着数据的增减，刻度值也随之改变。

2.3.4 饼图的规范设计法则

每个图形都有自己的设计规范,如当饼图分类过多时,一般不把文字放在图形元素上,因为一旦出现几个相对较小的占比数据,字就很容易溢出,不容易辨别指向的分类,如图 2-47 中的右图所示。好的解决方案就是,在图形的外围用引线指出分类数据,或者加示例图展示。

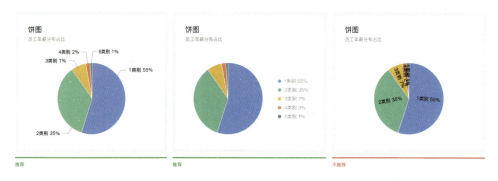

图 2-47

另外,饼图的分类最好从 12 点钟的位置开始,这样较为符合人的阅读习惯,如图 2-48 中的左图。如果饼图随意从不同位置开始展示,就会缺少规范,这样当多个饼图同时展示时容易出现混乱。同时,在饼图的分类中如果没带排序,如 1 月、2 月……,那么占比最好能够从大到小依次排列,这样还能直观地呈现出分类的排名情况。任何时候,如果有"其他"这项分类,无论其占比多少都要放在最后,因为其数据通常是最不被关注的数据。

图 2-48

2.3.5 突出图形重要数据

在一组数据中往往存在重要数据和次要数据，通过对图形进一步的设计，能够从视觉上把两者的主次关系表达出来。由于重要数据一般是业务上重点强调的数据，也可能是用户最关注的数据，因此在设计图形前，明白数据的主次关系是至关重要的。下面我们从一个游戏开始本小节的内容，请在图 2-49 中找到所有的红色点，并统计数量。

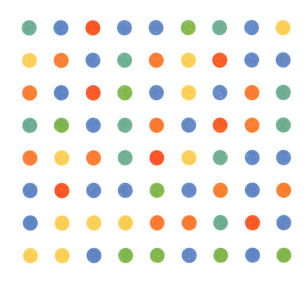

图 2-49

答案是 7 个，数错了也没关系，因为面对杂乱无章的视觉内容很难获取信息。如果想快速准确地获取信息，其实可以通过改变设计形式达到目的。如图 2-50 所示，弱化其他元素，增强它们与红色的对比，这样再去获取红色点的信息就一目了然了。

"好的图形会说话"，说的就是当用户浏览图形时，就像一个人在与用户对话一样，"他"了解用户最关注的数据，也会告诉用户"他"想让用户知道的数据，并且用最简单的方式表达出来。而塑造这个"人"的人就是设计师，其可以通过图形大小、色彩对比等设计手段，把数据合理地、直观地呈现给用户。

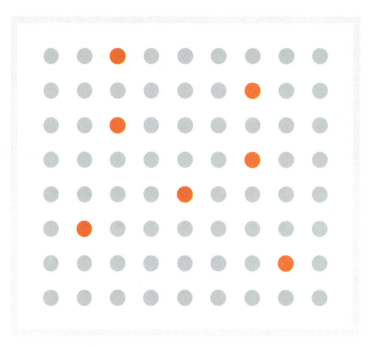

图 2-50

设计一个图形首先需要明确业务要表达的数据，以及用户想了解的数据，然后再去突出重要数据，减少不必要的干扰。

图 2-51 中的折线图表示的是五年中各季度销售额的趋势，如果用不同颜色的折线表示五年的数据趋势，则交织在一起的折线在视觉上显得非常混乱。从数据结构上来看，最近一年的数据趋势必定是用户最关注的数据，需要重点突出，这就可以通过对比设计把其他关注度低的年份弱化，同时用标签在折线的末端直接标注年份，这样就形成了鲜明的对比。

折线图的图例最好能标注在折线的末端，这样不会分散用户的视觉注意力。折线图中少量的分类折线可以用不同的颜色表示，但最好不要超过四条，否则就会变得难以辨别。

图 2-51

再举一个例子,用散点图呈现年度销售订单分布,重点要突出平均值以上的数据,这时就可以通过增加平均线来分割数据,把平均线以上的数据用对比强的颜色重点突出,弱化平均线以下的数据,如图 2-52 所示。这其实是数据可视化设计的一个重要概念,突出重要数据,为用户的视觉做选择,提高浏览效率,减少认知成本。

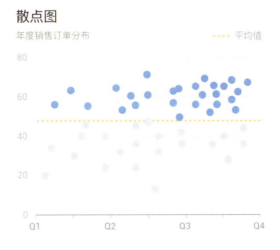

图 2-52

2.3.6 图形用色技巧

1. 单色色块图更具易读性

色块图是热力图的一种,当设计此类图形时,最好能用单色表示数据大小或权重,因为单色比多色更易理解。如图 2-53 所示,过多的颜色会增加观者的认知成本,因为色块图的数据结构会让不同颜色色块的位置有随机性。在密集的区域内没有规律地呈现不同颜色的色块,第一感觉是没有强弱的对比,不容易分辨数据的大小或权重。

通过改变颜色的饱和度和明度,单色系色块能够很好地在视觉上表现出对比关系,这非常符合色块图所表达的语意。当设计色块图时,由于色彩的饱和度和明度呈现递增或递减,色块上的文字容易与色块失去对比性,导致易读性差,因此最好能给字体加描边或投影,增强其对比性。

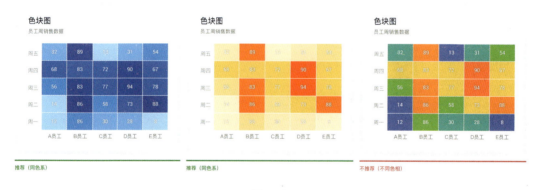

图 2-53

2. 用色有规律

如果色块图的色块位置不可控,就会导致多色展示不佳,而对于位置可控的图形就需要有规律地呈现色彩。如图 2-54 中的分组柱状图,每个柱体的颜色可控,且有规律的颜色在视觉上会非常舒适,容易建立观者的色彩认知,而无规律的多柱体会导致用户的色彩迷失。另外,类似于分组柱状图的图例,一定要与图形的顺序一致,这样便于参考浏览。

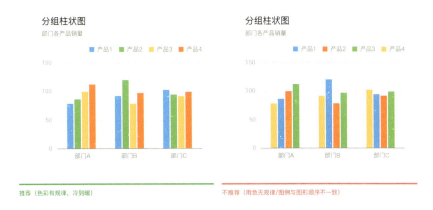

图 2-54

分组柱状图要慎用同色系颜色,否则不容易辨别分类。如果需要使用同色系,就一定要有规律地呈现,这样在视觉上不容易混淆,如图 2-55 所示。不只是分组柱状图,类似于这样分类过多的图形,都需要使用有规律的颜色,只有这样才不会因为用色接近而出现呈现上的混乱。

图 2-55

3.通过分类属性配色

通过分类属性配色,是迎合用户认知的一种配色技法。比如,提到天空会想到蓝色,说起草坪会想到绿色,这就是人们共同的认知,而把这种认知运用到配色上,就会符合人们的心理预期。在图 2-56 所示的有序柱状图中,柱体的配色分别运用分类属性的色彩,如蔬菜类使用绿色、海鲜类使用蓝色等。

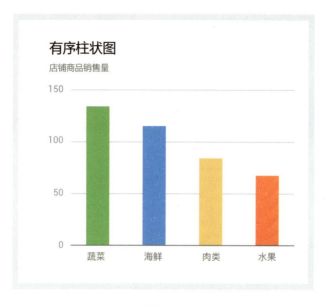

图 2-56

另外，通过属性的寓意配色也是一种配色方法。例如，小孩的标签是活泼可爱的，因此就会想到其对应的颜色是黄色，而提到老人会想到用灰棕色、女人使用粉色、男人使用黑色和蓝色等。这种配色方法的专业名称为"情绪板"，在第 3 章我们会着重讲解。

另外，由于不同的行业、不同的人群对事物常常有不同的认知，就像设计师与非设计师对透明元素的理解不同一样（这个设计师都懂）。因此，在配色时要考虑行业属性、产品属性、用户属性，因为只有找准特征才能把配色运用得更合理。

2.3.7　图形添加说明的重要性

为了让用户看懂数据，有时候需要在图形上添加简单的说明，来告诉用户数据变化的原因，尤其在面对不知情的用户时，这会解决用户的疑惑。如图 2-57 所示，新品上市使公司的营业额迅速增加，当未知情的人看到图形时，可能会疑惑和迫切地想知道在那个时间点发生了什么，这时一个简单的说明就能很好地解决问题。当然，不是所有类似于这样的图形都需要加说明，这需要根据对业务和面向用户的分析判断来决定。

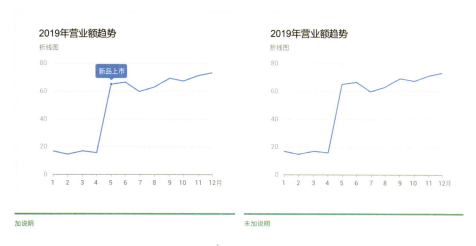

图 2-57

2.3.8 标题成就图形

图形的标题通常用来说明呈现的内容,但其实标题也是展示数据的一个维度,可以用于呈现数据的结论和总量等。如图 2-58 所示的瀑布图,标题的增加百分比数据能够体现数据表达的结论,同时也是从另一个维度来看待数据结果。同样,在柱状图标题中体现出总数据,不仅可以增加数据维度,而且还可以使用户在浏览图形时有一种先总后分的结构性浏览顺序。

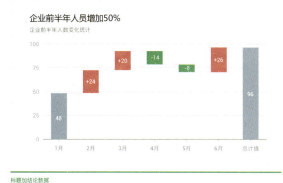
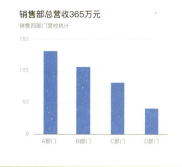

图 2-58

2.3.9 简洁：少即是多

简洁的图形往往让人在视觉上感觉更舒适，如果图形中呈现的数据太多，可能会导致用户无法获取全部信息。如图 2-59 所示，右图中将所有的数据全部呈现出来，这样用户就很难快速获得有价值的信息，甚至由于数据的重叠而可能会导致错误地识别数据。

这时可以只加几个重点数据，如在最高点和最低点标注数据，因为这两个数据一般是最受人关注的。或者像图 2-59 中左图所示的，通过交互的方式查看数据，这就是少即是多的原理。

图 2-59

随时间变化的图形，很多时候图形的时间类别可以通过简化的方式呈现，这样可以让图形看起来更简洁。如图 2-60 所示的右图中，拥挤的时间文字不仅让人劳神费力，而且在较为关注的跨年节点上也没有重点体现。

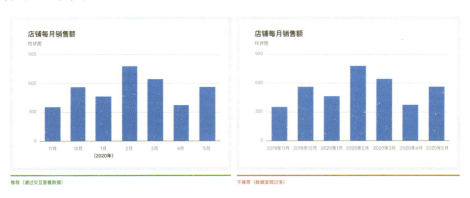

图 2-60

2.3.10 图形的扩展性设计

图形都有很强的扩展性,通过对图形进行扩展性设计可以让用户更容易理解数据、减少用户认知成本或增加数据维度的展示。这是一种创新性的设计技能,非常考验设计师的能力。

1. 图形结合图标设计

在图形的扩展性设计中,最常用的就是图标的运用。如图 2-61 所示,将水波图和男女形象的图标结合,能够给人一种更直观的感受。同时,在扩展性设计时,助力数据结论的表现也非常重要,图 2-61 中男女图标的百分比数据会随着数据的变化而变化,这样就很容易在视觉上形成对比。

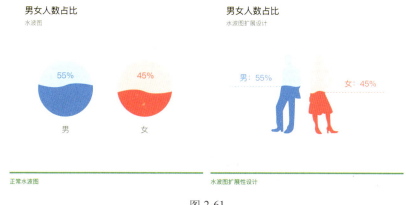

图 2-61

2. 图形结合形象元素设计

除了与图标的结合,图形还可以与形象的元素结合,例如玫瑰图与时钟的结合,图 2-62 所示是某个城市交通早晚高峰期指数的展示,图中玫瑰图的 12 个数据分别对应时钟上的 12 小时,这样用户会因为对时钟的了解,而快速接收到图形所呈现的信息,这种巧妙的设计不仅能够形象地展示数据,而且也会使界面的整体设计变得多元化。

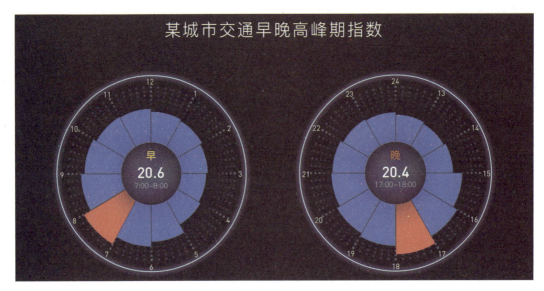

图 2-62

3. 图形结合业务关键词设计

图形可以结合数据属性的关键词,以动画的形式表现出来,这是一种高级的设计手法。图 2-63 所示是网民上网的流量入口,这里的关键词就是"流量",图中用粒子动效来渲染流量,用隐喻的设计手法解释了数据性质。

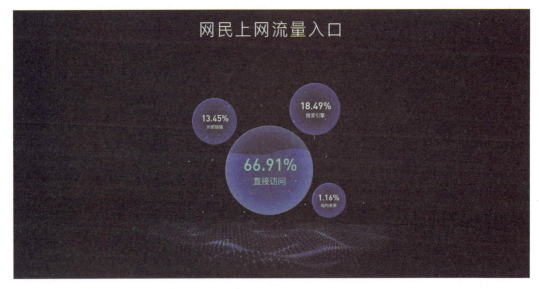

图 2-63

4.增加数据维度设计

图 2-64 所示是对大数据量展示的面积图的扩展设计,即在缩略滑块条中增加预警提醒功能(红色部分),如遇到异常数据就会出现红色警告。这个功能一般适用于实时传输类图形,比如前一天晚上的数据出现异常,由于可视化图形随时间走动,第二天可能就会越过预警区域,这时缩略条就能及时提醒。

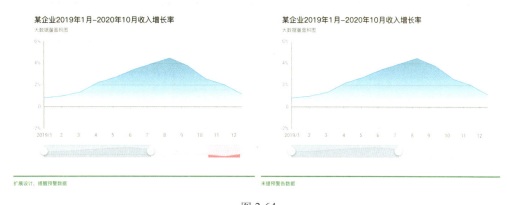

图 2-64

2.3.11 图形的营销手段

通过设计可以满足图形的营销手段,比如前面讲到的乔布斯演讲中出现的 3D 饼图,就是通过改变圆心位置,在视觉上让较小数据的占比面积看起来比大数据的大。

在某款手机发布会上,为了强调品牌 K 手机的重量比其他品牌手机的小,PPT 图形中的设计就运用了对比和色彩特点渲染了这种情绪。比如把品牌 J 最重的手机与品牌 K 最轻的手机放在一起,这样通过大差距的对比,可以使品牌 K 手机的重量看起来格外小。同时,在色彩上也用到了这种技法,最重的手机用红色表示,品牌 K 手机用蓝色表示,因为红色属于膨胀色,可以使物体看起来比实际的要大,而蓝色属于收缩色,可以使物体看起来比实际的要小,这样的设计会使对比更强烈。同时,把其他手机都用灰色表示,这样观众的视觉焦点都会放在红蓝的对比上,如图 2-65 所示。

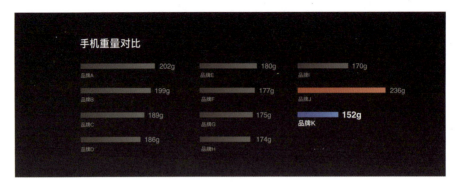

图 2-65

同样是通过对比手法改变数据大小的视觉感受，如图 2-66 所示，坐标的刻度值未从 0 开始，这样数据之间的差距看起来较大，但实际上并非如此，这就是利用数据可视化的特点，通过改变视觉上较为突出的图形元素，而掩盖了真实数据的表现，不推荐使用。

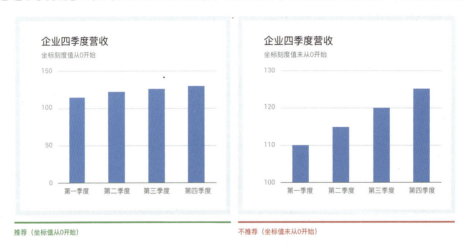

图 2-66

2.4 表格设计

表格是使用最广泛，也是最实用的数据可视化工具，它可以承载数据的统计和归纳及数据之间的对比等功能。看似简单的表格，其实在设计方面有很多技巧，文字排版、数字呈现及字体的使用，都是影响表格设计的重要因素。同时，表格有很强的扩展性，不仅可以与交互组件结合使用，如开关按钮，还可以与图形结合，让数据的呈现更直观易懂。

2.4.1 表格排版奥秘

大部分人都会做一般的表格，但若想把表格设计得在视觉上舒适美观，信息获取更高效，就需要一些设计技巧和原则。图 2-67 所示为一个普通的表格，你能发现它有哪些问题吗？

项目名称	负责人	营收	净利润
北京文化中心项目	吴**	¥52,342,200.00	¥35,235,660.00
青岛体育馆服务设计项目	张**	¥124,511.00	¥89,266.00
海南房地产营销项目	李**	¥256,756.00	¥188,700.00
北京智慧城市发展项目	郭**	¥4,488,911.00	¥2,894,467.00
上海文化建设项目	张**	¥211,009.00	¥167,349.00
深圳写字楼租售管理项目	刘**	¥24,484.00	¥18,689.00

图 2-67

1. 表格排版第一大原则：文字左对齐，数字右对齐

表格中文字需要左对齐，因为我们阅读文字的习惯是从左到右。而图 2-67 中的项目名称长短不一，居中对齐在视觉上会使切入点呈现"Z"字形，影响阅读效率。左对齐可以使线性结构在视觉上不跳跃，阅读流畅且更具美感。

表格中的数字需要右对齐，因为当我们在面对一个长数字时，一般会从右往左读。比如数字 ¥34,525,345.00，我们一般是从个位到最后的千万位顺序识别数字体量，有的人可以通过千分符迅速判断数字的体量，但其实也是从右到左的浏览顺序，因此数字右对齐最符合人的阅读方式。在图 2-68 中，让我们感受一下数字左对齐、居中对齐、右对齐的阅读效率，以及对各个数据体量的对比感知。

图 2-68

文字左对齐和数字右对齐，针对的是长短不一的名称和大体量的数字，而对于文字数量一样、体量较小的数字也可以尝试用居中对齐的方式，对称的元素本身就具有美感。

如图 2-69 所示，通过对表格中的文字和数字的重新排版，相信在阅读效率上会有较大的提高。虽然提高了阅读效率，但这相比优秀的表格设计还差得很远，其中最明显的是表格的边框在视觉上过于突出，接下来我们继续调整。

项目名称	负责人	营收	净利润
北京文化中心项目	吴**	¥52,342,200.00	¥35,235,660.00
青岛体育馆服务设计项目	张**	¥124,511.00	¥89,266.00
海南房地产营销项目	李**	¥256,756.00	¥188,700.00
北京智慧城市发展项目	郭**	¥4,488,911.00	¥2,894,467.00
上海文化建设项目	张**	¥211,009.00	¥167,349.00
深圳写字楼租售管理项目	刘**	¥24,484.00	¥18,689.00

图 2-69

2. 弱化边框

如图 2-70 所示，通过弱化边框在视觉上能够突出表格的内容。表格边框可以让信息的呈现更有条理，能够提高易读性，但在视觉层级上不能高于内容信息。

项目名称	负责人	营收	净利润
北京文化中心项目	吴**	¥52,342,200.00	¥35,235,660.00
青岛体育馆服务设计项目	张**	¥124,511.00	¥89,266.00
海南房地产营销项目	李**	¥256,756.00	¥188,700.00
北京智慧城市发展项目	郭**	¥4,488,911.00	¥2,894,467.00
上海文化建设项目	张**	¥211,009.00	¥167,349.00
深圳写字楼租售管理项目	刘**	¥24,484.00	¥18,689.00

图 2-70

3. 去掉边框与分割线

如图 2-71 所示，将表格的边框与分割线去掉，用留白分隔内容，无框胜有框，增大留白可以使表格更有空间感。这样的设计需要注意的是，元素的间隔不能太小，不然会显得拥挤。由于去掉边框后有些问题会被放大，比如标题与内容没有对比，因此需要增强对比，在整体上要有层次。

项目名称	负责人	营收	净利润
北京文化中心项目	吴**	¥52,342,200.00	¥35,235,660.00
青岛体育馆服务设计项目	张**	¥124,511.00	¥89,266.00
海南房地产营销项目	李**	¥256,756.00	¥188,700.00
北京智慧城市发展项目	郭**	¥4,488,911.00	¥2,894,467.00
上海文化建设项目	张**	¥211,009.00	¥167,349.00
深圳写字楼租售管理项目	刘**	¥24,484.00	¥18,689.00

图 2-71

4. 强调标题

图 2-72 中的表格加强了标题，这样看起来更有层次。强调标题的方法有很多种，不一定只是加粗字体或加大字号，还可以给标题栏添加背景，以形成对比。

项目名称	负责人	营收	净利润
北京文化中心项目	吴**	¥52,342,200.00	¥35,235,660.00
青岛体育馆服务设计项目	张**	¥124,511.00	¥89,266.00
海南房地产营销项目	李**	¥256,756.00	¥188,700.00
北京智慧城市发展项目	郭**	¥4,488,911.00	¥2,894,467.00
上海文化建设项目	张**	¥211,009.00	¥167,349.00
深圳写字楼租售管理项目	刘**	¥24,484.00	¥18,689.00

图 2-72

5. 突出重要信息

如果在一组数据中有重要数据和次要数据之分，那么就需要在对重要数据的设计上着重突出，表格的设计同样如此。图 2-73 所示就是把重要的数据信息通过增加背景色与其他元素形成较为突出的对比，这种设计是一种为用户做选择的设计方法，容易让用户的视觉停留在他本想重点关注的地方。

项目名称	负责人	营收	净利润
北京文化中心项目	吴**	¥52,342,200.00	¥35,235,660.00
青岛体育馆服务设计项目	张**	¥124,511.00	¥89,266.00
海南房地产营销项目	李**	¥256,756.00	¥188,700.00
北京智慧城市发展项目	郭**	¥4,488,911.00	¥2,894,467.00
上海文化建设项目	张**	¥211,009.00	¥167,349.00
深圳写字楼租售管理项目	刘**	¥24,484.00	¥18,689.00

图 2-73

6. 表格扩展设计

设计师都明白一件事，由于人们常常会对熟悉的事物产生审美疲劳，因此设计中有创新才容易给人眼前一亮的感觉。在图 2-74 的表格设计中，保留重要信息的标题并放至底部，用线段元素强调重要板块，就能给人一种设计新颖的感觉。

北京文化中心项目	吴**	¥52,342,200.00	¥35,235,660.00
青岛体育馆服务设计项目	张**	¥124,511.00	¥89,266.00
海南房地产营销项目	李**	¥256,756.00	¥188,700.00
北京智慧城市发展项目	郭**	¥4,488,911.00	¥2,894,467.00
上海文化建设项目	张**	¥211,009.00	¥167,349.00
深圳写字楼租售管理项目	刘**	¥24,484.00	¥18,689.00
		营收	净利润

图 2-74

数据可视化设计不用太拘谨，只要能助力数据信息更合理、更直观地展示，并且在视觉上能有更好的表现，就可以自由发挥。但需要注意的是，在考虑创新性设计时，需要权衡技术实现的难度，提前与技术人员沟通，避免设计无法落地。

2.4.2 表格字体运用

表格数字最容易出问题的是数字字体的运用，因为很多数字字体不是等距设计，比如数字"1"所占的字间距面积要小于"8"的。如果遇到一组大量级的数字，就有可能会误导观者。如图 2-75 所示，本来 72,211.10 大于 68,549.64，但由于不同数字所占宽度不一样，这样的设计在视觉上容易误导用户。因此，表格中的数字要使用表格字体，因为表格字体每个数字所占面积一致，这样就不会出现案例中的问题了。

图 2-75

其实所有的表格数字字体都存在这样的问题，不知道你有没有发现。图 2-76 所示是修改数字字体后的设计，这样就能客观地呈现数据了。

项目名称	负责人	营收	净利润
北京文化中心项目	吴**	¥52,342,200.00	¥35,235,660.00
青岛体育馆服务设计项目	张**	¥124,511.00	¥89,266.00
海南房地产营销项目	李**	¥256,756.00	¥188,700.00
北京智慧城市发展项目	郭**	¥4,488,911.00	¥2,894,467.00
上海文化建设项目	张**	¥211,009.00	¥167,349.00
深圳写字楼租售管理项目	刘**	¥24,484.00	¥18,689.00

图 2-76

表格字体有很多，常用的字体有 Roboto、DIN、微软雅黑、思源黑体、宋体、苹方字体等，要注意苹方字体中的苹方 - 简、苹方 - 繁、苹方 - 港都不是表格字体。

2.4.3 表格与图形结合

在图 2-77 的表格中加入条形图，这会让死气沉沉的数据瞬间变得灵动。**表格中的数据用图形的形式表现，不仅能助力数据的直观呈现，而且还能提高表格的颜值和界面的设计感。**

项目名称	负责人		利润率
北京文化中心项目	吴**		79.1%
青岛体育馆服务设计项目	张**		64.8%
海南房地产营销项目	李**		60.2%
北京智慧城市发展项目	郭**		49.8%
上海文化建设项目	张**		49.6%
深圳写字楼租售管理项目	刘**		42.4%

图 2-77

除了可以结合条形图,表格还可以结合很多图形。例如,在表格中加入缩略曲线图可以表示数据在一段时间内的趋势,同时可以加交互,即点击曲线图可查看详细的数据。再比如,在图 2-78 中是将表格与色块图进行结合,通过颜色深浅直观地表现出数据的量级。只要表格与图形结合使用得恰当合理,设计师就可以大胆地去尝试设计。

图 2-78

本章我们从图形分类中认识了常用的图形数据结构,对图形的选用也有了一定的了解,并通过案例了解了图形的设计原则及表格的设计方法。很多非设计师身份的人也许能够选择合适的图形,但未必能合理地设计图形,这样依旧不能把数据表现得很好。如果设计师对图形有更深入的学习,那在数据可视化方面的设计能力将会成为他们最大的优势。

03

数据可视化产品设计

本章将会从需求调研到排版和视觉，再到非常细节的文案设计，对数据可视化产品做详细讲解。其中，会着重对大屏数据可视化产品的风格把控、设计尺寸、色彩运用等做深入探讨。

3.1 可视化大屏设计流程

任何产品的设计都是基于流程的工作，大项目需要有完善的流程来保证每个环节的质量，小项目需要贴合业务精简的流程来小步快跑。另外，由于产品的属性不同，流程看中的点也不同，如 C 端产品关注的是用户、B 端产品关注的是业务、数据类产品关注 B 端基因会更多一些，因此设计师不仅要关注数据的表现，而且也要关注业务需要解决的问题。

3.1.1 设计流程详解

在数据类产品的设计流程中，与设计师相关的有需求调研、数据分析、产品设计、可行性测试四个环节。这四个环节又包括许多子环节，比如需求调研包括产品定位、用户研究等；数据分析包括提炼关键指标、图形选用等；产品设计包括场景分析、UI/动效设计等；可行性测试包括易用性测试、硬件载体测试等，如图 3-1 所示。

图 3-1

不同的公司在流程上会有一定的差异。大公司的流程相对比较复杂，而小公司的流程一般较为简单。同一家公司在不同项目上的流程也会不同，大项目的流程更完善，小项目的流程相对更精简，因此在产品设计流程上没有严格的标准。设计师在整个流程中有的是重参与、有的是协作参与。协作参与是为了重参与更好地发力，比如配合产品经理进行需求调研，这比产品经理告诉你需求要透彻得多，理解得也会更加准确，后期的设计也就更有依据。

可视化大屏产品总体可以分为两类：一类是展示型，另一类是功能＋展示型，前者是看，后者是看＋用。前者主要是对数据信息的展示，业务上的需求较为简单，这类产品一般可以由设计师主导，因为它们主要是通过视觉设计对数据进行可视化呈现。功能＋展示型产品，不仅重视数据的呈现，而且还要满足业务在功能上的需求，例如监控、预警类等产品就需要设计师熟知业务，然后根据业务需求在产品逻辑上构建功能。

最后要强调的是，由于产品开发要以结果为导向，因此在产品技术开发时设计师要全程跟进，如视觉走查、最终落地后的测试，尤其是大屏设计落地后很容易出现色差、显示比例等问题。

3.1.2 需求调研

可视化大屏产品的需求调研需要从三个方面入手，即业务需求调研、用户需求调研及技术方案调研，如图 3-2 所示。

业务需求调研：主要就是产品定位，即产品要解决哪些问题、服务于哪类人群等，针对不同角色的特征需要研究出不同的设计方案，如面向新用户要使用容易理解的图形、面向专家用户就要强调产品的专业性。

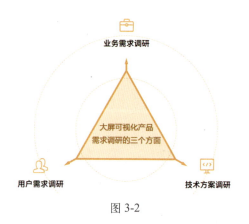

图 3-2

用户需求调研：B 端产品很多都是一条业务线，业务线上有不同的用户角色，比如产品中有管理者和执行者，由于他们对产品的关注点不同，因此就需要设计师对不同角色分别做需求调研，之后再整合需求做产品的功能架构。用户需求调研的方法有焦点小组、用户访谈等。如果做大量级的用户调研，常会用到定性和定量的研究方法。

技术方案调研：因为可视化大屏产品偏好炫酷动效和 3D 效果，而这些常常会遇到一些技术壁垒，所以在设计前就需要设计师与前端开发人员沟通技术方案，以免出现设计无法落地的情况。另外，设计师还要和后端技术人员沟通，如后期的需求、常规型的改动等，这样他们后台的架构和逻辑处理对之后的改动可能较为简单灵活。技术人员是设计师非常好的学习对象，多与之沟通久而久之就会了解很多功能是如何实现的，以及实现的难易程度等，这有利于设计师对功能的设计把控。

3.1.3 数据分析

对于数据类产品，数据分析是设计前非常重要的一个环节。在庞大的数据面前，由于我们不可能将所有数据都展示在大屏上，因此设计师就需要结合业务特点抽取关键指标、分析指标维度及明确数据之间的关系，其中数据关系有对比数据、构成数据、关联数据、分布数据等。另外，设计师还要对总分数据、主次数据有充分的认识，并落实到页面的设计上，这样才利于用户有效地获取信息。

由于数据在界面上的可视化呈现需要图形作为载体，因此在对数据充分了解后，设计师就要为不同类别的数据选用合适的图形，如对比数据使用柱状图、条形图等；构成数据使用饼图、漏斗图等；关联数据使用散点图、热力图等；分布数据使用地图、直方图等。

如图 3-3 所示，原始数据要展示四个季度的销售额随广告支出的变化比较，从数据结构上分析应该用比较类图形，另外这是三个维度的数据比较，故使用比较类图形中能展示多维度的气泡图较为合适。

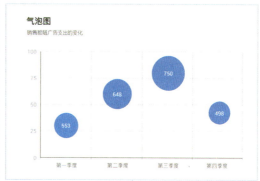

图 3-3

3.1.4 产品设计

在大屏设计前期，对使用场景的分析也非常重要，这包括大屏现场色差测试、观赏大屏的距离、环境的明暗程度等，这些都是影响界面设计的因素。如果大屏的观赏距离较远，则字号及图形元素也需要相应放大；如果场景较暗，色彩就不能太亮，否则就会非常刺眼。

接下来是布局设计，即把各组数据模块化，并且把同类别的数据放在同一个区域，比如经济数据在左、人口数据在右的故事性架构，如图 3-4 所示。这样展示的数据会更加有规律性，对于讲解大屏的人员来说流程上也会更加清晰。之后再把各个小模块通过色彩、文字等进行设计，同时强化重点信息并弱化辅助元素。

图 3-4

在视觉表现上要遵循设计原则，如格式塔原则、KISS (Keep It Simple and Stupid) 原则、一致性原则，以及平台的设计规范等。在设计上还要善于利用动效传递数据信息，其不仅能助于数据的表现，而且还能使界面更加炫酷有活力。但同时也要注意，动效设计要从表达数据和渲染氛围出发，不能为了让界面动起来而设计无意义的动效。

3.1.5 可行性测试

在界面设计完成之后，需要对界面做可行性测试。这里的可行性测试，不是对产品落地的测试，而是对我们的设计稿或动效 Demo 的测试，通过可行性测试能进一步确保界面设计的合理性。

可行性测试首先是测试与业务需求的匹配，需要跟需求方核对，确保我们对需求的理解在数据分析和设计的过程中没有遗漏或理解性的偏差。其次还要找使用产品的人员和普通用户做进一步验证，确保使用产品的人员能理解设计，普通用户能够快速、直观地理解图形的元素和数据信息。

如果是设计新的大屏，设计师最好能到实地测试，确保设计稿的分辨率尺寸正确和不受色差的影响，这样能避免落地后再从设计到开发做一连串的修改调整，图 3-5 所示是现场分辨率和色差的测试。

在设计稿确保没有问题的情况下，再对接技术开发，同时还要做到全程跟进，确保界面效果能够完美落地。另外，在设计之前，如果你要使用较为冷门或需要特殊设计的图表，则最好与开发人员提前沟通，确保可行性，这样可以避免后期的反复改稿。

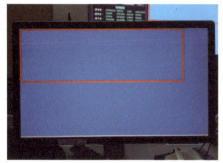 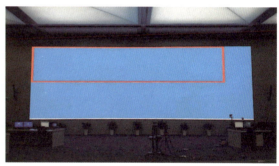

电脑(16:9)的红框正常显示　　　　大屏（28:9）的红框出现拉伸现象

图 3-5

3.2　可视化大屏设计尺寸解析

对于很多刚刚接触大屏的设计师来说，最为头疼的可能就是大屏设计尺寸分辨率的问题。若尺寸设定错误，落地后的大屏很可能会出现内容展示不全、界面整体被拉伸或压缩等问题，从而不断地修改而浪费大量时间。

3.2.1 大屏的类别和成像原理

我们设计的可视化大屏通常可以分为两类：一类是拼接屏，由 46 ～ 55 寸的液晶显示屏拼接而成，有一定的缝隙。另一类是 LED 屏，无缝隙，由成千上万个 LED 灯构成像素点。发光像素点之间的距离是 LED 显示屏的规格，用 P 表示，P 值越小成像就越优秀、越细腻。

大屏成像的原理几乎都是投屏，也就是把电脑屏幕通过有线信号投放到大屏上。其中最重要的是，电脑上呈现什么内容，大屏上就会相应地呈现什么内容，但呈现的内容不一定是等比放大的。比如，当大屏与电脑屏幕比例不一样，设计师又不懂如何定义设计尺寸时，最终大屏的内容有可能是拉伸状态或者压缩状态的。如图 3-6 所示，大屏上的图片被拉伸了，在可视化大屏产品中绝对不应该出现这样的情况。

图 3-6

3.2.2 大屏与电脑同比例

首先要强调一点，大屏的设计尺寸不能按大屏的分辨率来定义，而是要结合电脑的分辨率及大屏的比例来设定。大屏与电脑屏幕的比例有两种情况，即同比例和不同比例，先说同比例的尺寸设定。

在图 3-7 中，4×4 的拼接大屏与电脑屏幕比例都是 16∶9，当投屏电脑屏幕的分辨率为 1920px×1080px 时，设计稿就可以是这个尺寸。当投屏电脑屏幕的分辨率是 3840px×2160px（4K）时，就可以用 1920px～3840px×1080px～2160px 同等比例的任意数值。

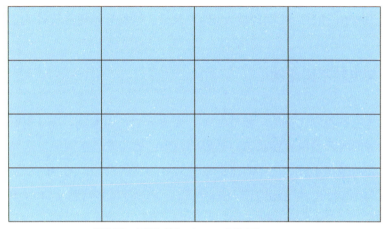

4×4 拼接屏，大屏比例为 16∶9，分辨率为 7680px×4320px

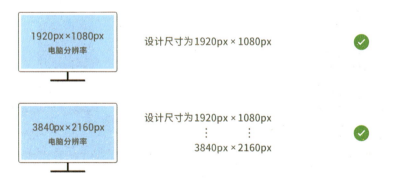

图 3-7

当电脑屏幕的分辨率是 4K 时，可以使用 1920px×1080px 的设计尺寸，但大屏的清晰度有可能会降低，因为适配 4K 的分辨率会把元素同比例放大，这样有些元素的画质会出现损失。这一问题可以通过按 4K 比例切图来解决，就是把原来 20×20 的元素切成 40×40，当然 40×40 一定要是清晰的，对于有些图标可以切为 SVG 矢量格式，这样就能保证画面的清晰度了。

大屏的投屏电脑最好能配备 4K 显示器，因为 4K 不仅能提供更好的清晰度，而且理论上分辨率越大呈现的内容就越多。在尺寸确定且界面设计完成后，当与前端工程师对接时要说明设计尺寸，比如若是 1920px×1080px 的设计尺寸适配 4K 电脑显示器就不能按固定尺寸排版，而是要做全屏适配。4K 设计稿既可以适配排版，也可以按 4K 尺寸固定排版。

最后再分享一个关于设计尺寸的技巧，如果最终要产出 4K 设计稿，其实设计师可以先按 1920px×1080px 设计，再同比放大到 4K 尺寸，这样能够提高设计的工作效率。

3.2.3　大屏与电脑不同比例

大屏与投屏电脑不同比例的时候非常多，先看一个反面案例，图 3-8 中的大屏与电脑比例不同，大屏的内容呈现压缩状态，圆形的饼图已经变成了椭圆形，这样很不利于数据的正确呈现。其问题在于设计尺寸的比例未按大屏的比例设计，图中的投屏电脑是由两台 16∶9 的显示器拼接的，两台相加其比例是 32∶9，而大屏比例为 20∶9，所以呈现的内容呈压缩状态。

图 3-8

这个问题解决的方法是应该按大屏 20∶9 的比例定义设计尺寸，比如电脑显示器的分辨率为 1920px×1080px，通过计算 20∶9 的设计稿尺寸应该是 2400px×1080px，故前端人员需要按这个尺寸适配全屏排版。因此，当大屏与投屏电脑比例不同时，要优先按大屏的比例定义设计尺寸，最终落地后让大屏显示正常，让变形呈现在投屏的电脑上。

那么，如何进行设计尺寸的计算呢？

对于拼接屏，先要了解每块小屏的比例，这样通过拼接排列能够算出大屏的比例。通常拼接屏每块小屏的比例都是16∶9，对于横向排列的大屏（常见大屏都是横向排列），设计尺寸可以把上下高度设定为1080px。然后以此高度为基准，按照拼接屏的数量比例算出宽度。大屏若是纵向排列的，也就是高度大于宽度，那就以宽度1920px为基准按比例计算高度。

图 3-9 所示为 3×5 的一块大屏幕，3 块屏的高度设为 1080px，每块屏的高度就是 360px，将 360px 除以 9 再乘以 16 等于 640px，640px 就是每块屏的长度，然后用 640px 乘以 5 等于 3200px，最后得出的设计稿尺寸为高 1080px、宽 3200px。如果电脑需要 4K 尺寸的设计稿，则在算出的尺寸上乘以 2 即可。

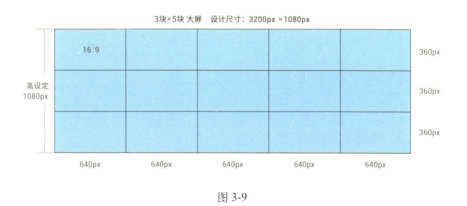

图 3-9

3.2.4 如何配置大屏电脑显示器

在上一节的反面案例中，给 20∶9 的大屏配置两台 16∶9 的显示器，其实并不是最优的方案。下面我们用一个案例详细讲解，如何为不同比例的大屏配置合适的电脑显示器，图 3-10 是由 28 块 1920px×1080px 的显示屏拼接的大屏，分辨率加起来是 13440px×4320px，比例为 28∶9。

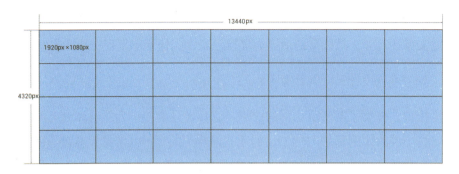

图 3-10

当给这种特殊的大屏比例配置显示器时,如果能找到同比例的显示器是最佳的,但一般没有这种特殊比例的显示器,而定制显示器则要花费高昂的费用,因此最好的方案是选择目前市面上常见的显示器。常见的显示器比例如下:

(1) 16 : 9 (1920px × 1080px);

(2) 16 : 9 (3840px × 2160px);

(3) 16 : 10 (1920px × 1200px);

(4) 21 : 9 (3440px × 1440px)。

在选择显示器时,一般要找与大屏比例最接近的,当然最好选择 4K 显示器。案例中的大屏是 28 : 9,如果选择 16 : 9 的显示器,在保证大屏显示正常的情况下,就会把 16 : 9 的电脑显示器内容压缩得非常严重,如图 3-11 所示。这样的压缩程度在交互操作上会存在一些问题,比如较小的按钮会被压缩得更小,从而导致点击的精准度下降。

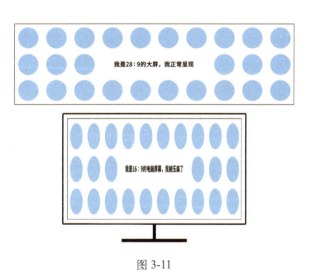

图 3-11

综合来看,虽然两个比例为 16 : 10 的显示器加起来是 29 : 9,最接近 28 : 9 的大屏,但是这个比例的显示器的分辨率较低，很少有4K分辨率的，所以将两台4K 16∶9的显示器组合为32∶9是最合适的，这样虽然电脑显示器会有拉伸效果，但在能接受的范围之内。图3-12所示是不同显示器的推荐指数。

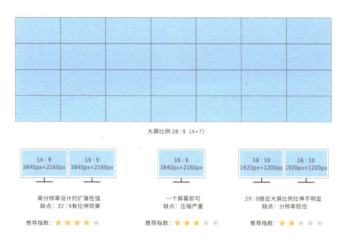

图 3-12

3.2.5 大屏的分屏设计

分屏是大屏很常见的展示方式，分为两种：一种是通过平板电脑软件控制分屏，如图3-13所示，这种分屏方式在大屏数据可视化领域中较少用到。

图 3-13

另一种方式与我们的设计相关，其通常用在非常宽的大屏上，因为太宽的大屏不太适用于多个电脑显示器组合投屏。如图3-14中的超长大屏，就是通过六个信号源控制大屏分屏，每个信号源连接一台电脑，因此设计师需要先设计6个界面，然后组成一个超长大屏。

图 3-14

3.3 可视化大屏视觉设计

数据可视化通过视觉设计的表现手法可以将复杂无形的数据具象化，将凌乱的数据故事化。其既能展示视觉设计后的数据之美，又能用设计语言将数据信息有效地传达。本节将开启大屏数据可视化产品的设计。

3.3.1 大屏使用字号解析

由于字号使用不合理而导致返工是一件非常恐怖的事情，因为如果调整字号，则几乎所有相关元素都得调整。因此，在大屏设计前，设定合理的字号极其重要。

由于大屏的开发基于 Web 端，因此网页设计规范中使用的最小字号为 12px，小于 12px 的很多浏览器不会识别。在大屏的设计中，12px 的字号会显得较小，因为大屏本身很大，观者都是站在较远的地方才能看清全貌。对于不同比例的大屏，字号的选择依据也会有一定的差异。如图 3-15 所示，由于大屏越大，观者就需要站在越远的地方浏览，因此字号也应该相应加大。

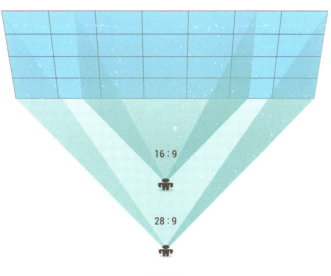

图 3-15

在选用字号之前,设计师最好能到现场做测试,首先按大屏的比例做几张字号测试图,如图 3-16 所示,然后分别站在当前大屏使用环境中的重点浏览位置和大屏边缘位置做字号大小的测试。

图 3-16

3.3.2 大屏设计布局解析

前面我们讲了大屏设计的四个流程，即需求调研、数据分析、产品设计、可行性测试，其中数据分析的结果就是布局大屏的重要依据，而数据的主次关系、总分关系、不同层级的业务指标等，都关系到大屏布局。

如图 3-17 所示，"核心业务指标"要重点突出并占用较大面积；"主要业务指标"放在第一视觉的上方位置（右上角）；"次要业务指标"设计在界面边缘。同时，每个业务板块中也会有数据主次的层级，这在设计形式上也需要有所表现。

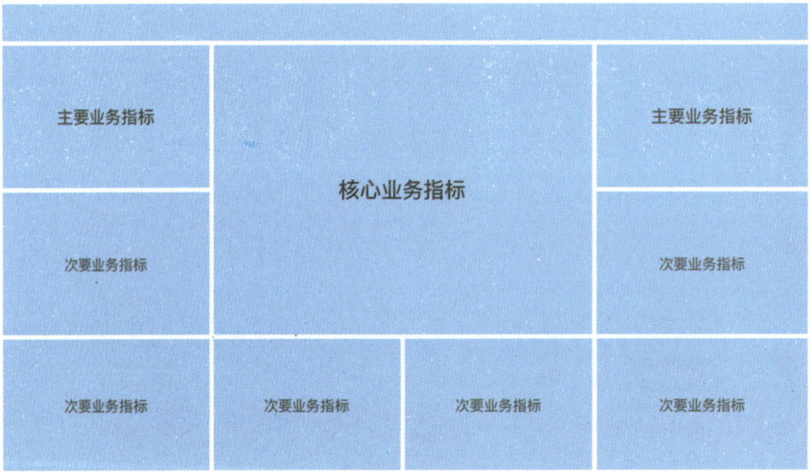

图 3-17

另外，在界面布局划分业务指标时，最好能把相关联的业务指标放在同一个区域或临近区域。在图 3-18 关于城市数据的统计中，左边是经济指标，右边是人口地域指标，这是一种故事性架构布局。对于观者来说，这在浏览上更有逻辑，不会有分裂感；对于讲解人员来说，这更容易形成一种结构性的讲解方式。

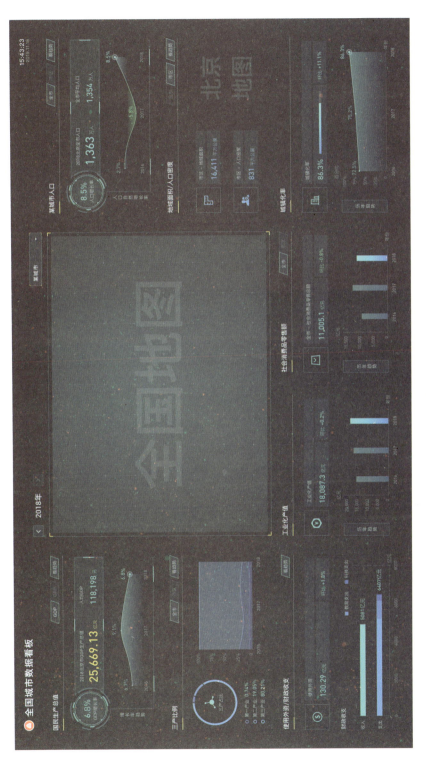

图 3-18

3.3.3 定义设计风格主题

大屏设计一般以深色主题为主,强调科技感和炫酷效果。浅色大屏容易造成眼睛疲劳,同时浅色也不容易渲染出炫酷的效果,而深色主题在视觉上会更聚焦内容,能够减少眼部刺激,有利于观者长时间浏览。

在暗色调设计的基础上,设计师还要结合行业属性来定义大屏整体的色调风格。例如,公安、交通、政务类等行业常用蓝色调,同时蓝色调也是大屏设计最为惯用的色调;保险、银行、金融等相关行业,金色调更符合行业属性,但切记不要大面积使用,否则很容易造成俗气的感觉;医疗、环保、能源、健康类行业的大屏可以采用能够代表未来、希望的绿色调;电商、娱乐类行业的大屏,可以采用橘色和紫色,即偏暖色系的色调,这样能够渲染热闹的场景。

1. 大屏要有看点

一个铺满文字和图表的大屏,很难让人产生观赏情绪,因此大屏的设计一定要有看点。看点可以理解为大屏的主视觉元素,一般面积占比较大,用于即刻抓住观者眼球。在图 3-19 所示的大屏设计中,中间的人物就是主视觉并且有转动动效,这能进一步加强视觉效果。在主视觉即刻抓住观者的眼球之后,视觉焦点会逐步延伸到周围相关的数据信息。假若大屏无法加入这样抢眼的视觉元素,那就把最重要的业务指标数据着重设计,在视觉上突出呈现。

很多时候设计大屏就像是在设计海报,需要有突出的主视觉元素、和谐的排版和构图,并且在视觉上要有冲击力,这样才能呈现出富有美感的数据可视化展示页面。

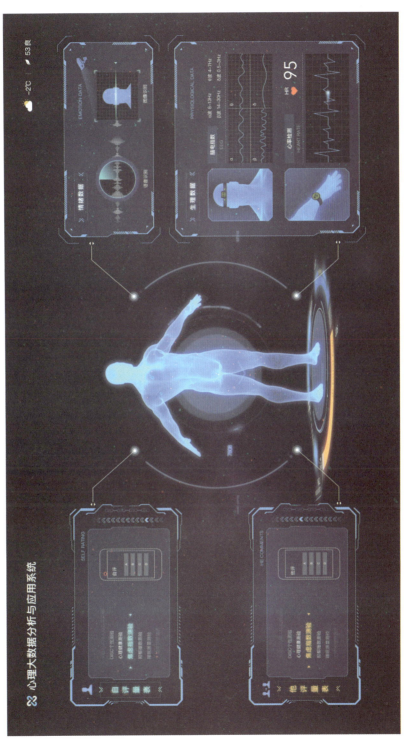

图 3-19

2. 美感不是唯一的，大屏设计还需要情感认同

虽然美感很重要，但并不是大屏设计唯一的追求，真正能让用户叹为观止的一定是情感上的调动。美国著名心理学家唐纳德·诺曼曾提出了情感化设计的三个层次：本能（instinct）、行为（behavior）和反思（reflective），而大屏设计风格也可以依据情感化设计的三个层次来定义。

富有美感的设计能让用户即刻产生观赏情绪，这就是"本能"层。观赏情绪的延续还得体现在产品的功能性、易懂性、故事性的传递上，这些会与用户产生交互，即"行为"层。最终，用户的情感认同会产生较高的满意度与依赖感，即"反思"层。三个层次相辅相成，简而言之就是抓眼球（本能）、满足需求（行为）、认同依赖（反思）。

图 3-20 表述了大屏设计三个层次相对应的设计依据。另外，主题风格的美感还要建立在对行业、业务、数据等方面有效的表达上，不然常常会收到以下评价：

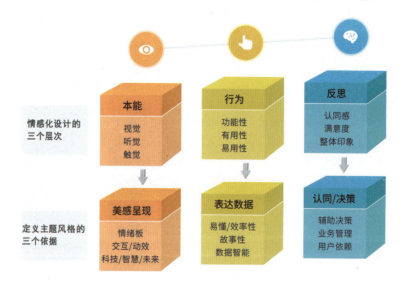

图 3-20

（1）视觉上很炫酷，但是总感觉跟我们金融行业不搭调。（情绪板问题）

（2）太注重视觉上的表现，数据的表现太弱。（易懂/效率性问题）

（3）视觉效果很好，但没能把重要的业务数据展示出来。（数据表达问题）

美感能带来即刻的观赏情绪，但并不代表是最终的认同。好的大屏设计不仅是具有美感的，同时也是易懂、易用的。大屏的用户往往都是行业专家，其对行业有充分的理解、对产品业务需求有专业的认识，面对这样的用户，设计师务必也得拥有专业能力。

3.3.4 情绪板设计方法

情绪板是将设计对象的相关图片和素材整理到一起，营造出对应产品的调性，通过对产品的设计、加工使用户产生情绪共鸣。情绪板也可以理解为设计灵感的收集，是设计思维的一种可视化表达方式。

在产品的视觉设计中，情绪板是一种非常科学有效的设计方法，可以帮助设计师客观、理性地定义产品视觉设计的风格，从而使产品的设计更加贴近用户心智。图 3-21 所示是情绪板定义设计风格的流程。

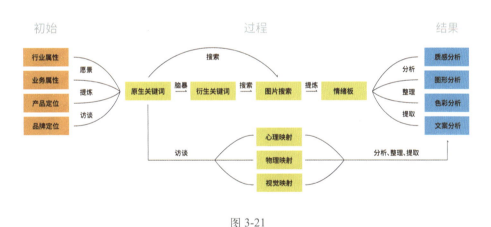

图 3-21

3.4 可视化设计之美

心理学家赤瑞特拉做过一个著名的心理实验，即通过大量的实验证实：在人获取信息的重要途径中，83% 来自视觉，11% 来自听觉，3.5% 来自嗅觉，1.5% 来自触觉，1% 来自味觉，由此可见视觉对信息识别的重要性。

"美感"是大脑接收到信息后感知的一种体验,从生理学角度来看人本能会追求美好的感觉和体验。尽管每个人对美的感知是不一样的,但其实美有规律可循,即遵循美学原则。例如,人的大脑钟爱对称结构,因为便于记忆,对脑力消耗最低,大脑感觉很轻松,故对称结构就是美学的标准之一。下面让我们开启大屏可视化的设计之美吧!

3.4.1 布局之美——平衡感

整体的平衡感是大屏设计的重要原则之一,平衡的画面会给人一种稳定感和舒适感。平衡不一定是对称结构,而是人对视觉焦点、构图形状、内容主次、色彩呈现等方面的一种平衡感知,而画面里的重要信息被弱化、图形元素的不统一、不合理的色彩表达,都可能会损失画面的平衡感。

图 3-22 中的画面布局非常对称,但内容的主次信息安排的不合理,故这种设计虽然在布局上是平衡的,但在心理感知上没有平衡感。

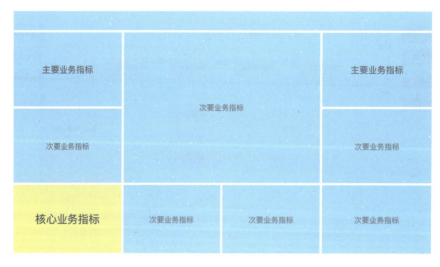

图 3-22

图 3-23 中的布局同样没有平衡感,根据我们从左到右、从上到下的阅读习惯,把核心业务指标放在最右侧会给人一种跳跃感,跟人的阅读习惯抢视觉焦点,这是非常不合理的。而是应该把"核心业务指标"放在人的第一视觉位置,即大屏的左侧或中间,这样的设计就会具有平衡感,观者的浏览也会较为舒适。

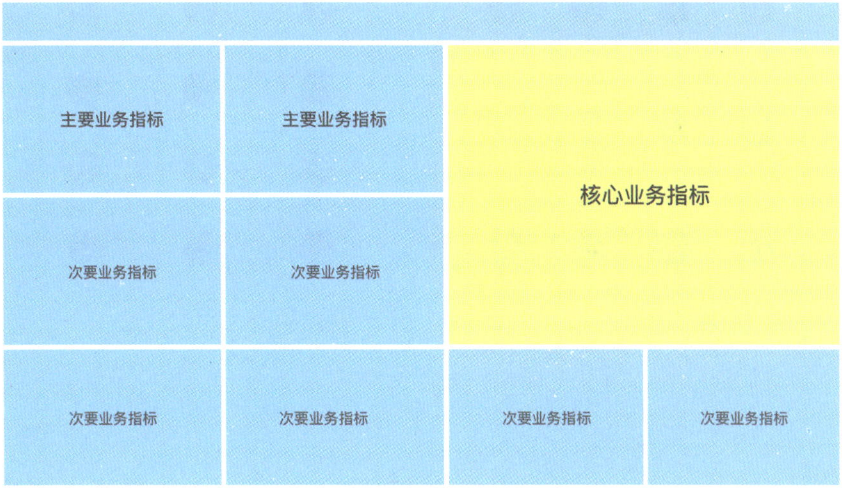

图 3-23

3.4.2 布局之美——格式塔原则

设计美学是有原则可遵循的，格式塔设计原则就是其中之一。在界面设计中，格式塔原则的运用能起到非常好的设计效果，其不仅可以合理地构建信息布局、清晰有效地呈现信息内容，还可以在细节的设计上减小观者的认知负荷。格式塔原则包括接近性、相似性、闭合性、连续性、包含性等。

1. 接近性

物体之间的相对距离会影响人的感知，即会认为临近的物体比距离相对较远的物体更具有关联性，同时它们会被看作一组物体。在图 3-24 的左图中，左右物体相对临近，根据人的认知习惯会被看作 3 行，而在右图中，因为上下物体相对临近，所以会被看作 3 列。

图 3-24

2. 相似性

相似性原则在界面设计中运用得非常广泛，是梳理信息层级的重要方法。相似性原则讲的是，形状、大小、颜色相似的物体会被视为属于一个群体。在设计界面时，利用这个原则就可以很好地把不同类别的信息归类，如图 3-25 所示，相似的元素会很自然地被视为一类。

图 3-25

3. 闭合性

在大屏设计中，很多具有科技感的小元素都利用了闭合性原则。简单来讲，闭合性原则就是将不完整的局部感知成一个整体。如图 3-26 所示，虽然图形有缺口但首先感知到的还是一个圆形，人的这种自动脑补行为跟认知有关。当人的视觉系统看到一个物体时，大脑会将不完整的物体与人的认知模型匹配，从而达成认知。

图 3-26

4. 连续性

连续性原则是引导视觉遵循一致的路径,通过共性将物体感知连成一个整体。图 3-27 所示的环形图就具有连续性,我们能够感知到环形图的形状与运动方向。

图 3-27

5. 包含性

包含性可以把信息分组、内容分离,提升页面的层次和机构性,有助于信息的分类展示。包含性可以通过线条、形状、颜色来实现。如图 3-28 所示,在视觉上会将框里面的元素看作一组,形成视觉上的一种强调方式,这种设计手法常用于突出元素的重要性。

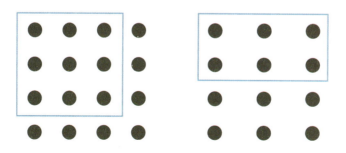

图 3-28

3.4.3 布局之美——黄金比例

黄金比例被称为世界上最美的数值，它具有严格的比例性、艺术性、和谐性，蕴藏着非常丰富的美学价值。黄金比例是指将一个整体一分为二，较小部分与较大部分的比值等于较大部分与整体的比值，约为 0.618，如图 3-29 所示。黄金比例在绘画、雕塑、建筑、工程设计中常常会被用到，在 UI 设计领域中也同样如此。

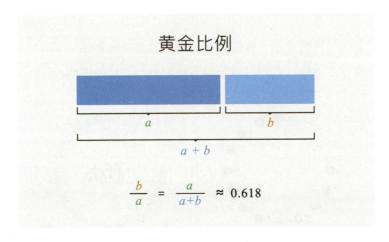

图 3-29

在很多时候，由于手机端和网页端的设计存在交互操作和屏幕的适配问题，因此常常会影响到黄金比例的呈现。对于可视化大屏设计，一定要善于运用黄金比例，因为大屏一般是固定尺寸，页面通常不会上下滚动，也很少涉及适配问题，所以这是大屏设计能更充分利用黄金比例的条件。大屏设计可以看作是平面设计与 UI 设计的结合体，更能表现出艺术性。下面就详细介绍如何在大屏设计中运用黄金比例。

1. 布局中的黄金比例

对于大屏的整体排版可以运用黄金分割来布局。如图 3-30 所示，大屏比例为 16：9，这是通过划分主次业务指标对布局做了黄金分割，使其界面元素呈现非常好的和谐性和比例性。需要注意的是，切不可为了黄金比例，而忽略业务指标的层次表现。要想避免这样的问题，首先要分析业务指标，然后再尝试使用黄金比例去完善。

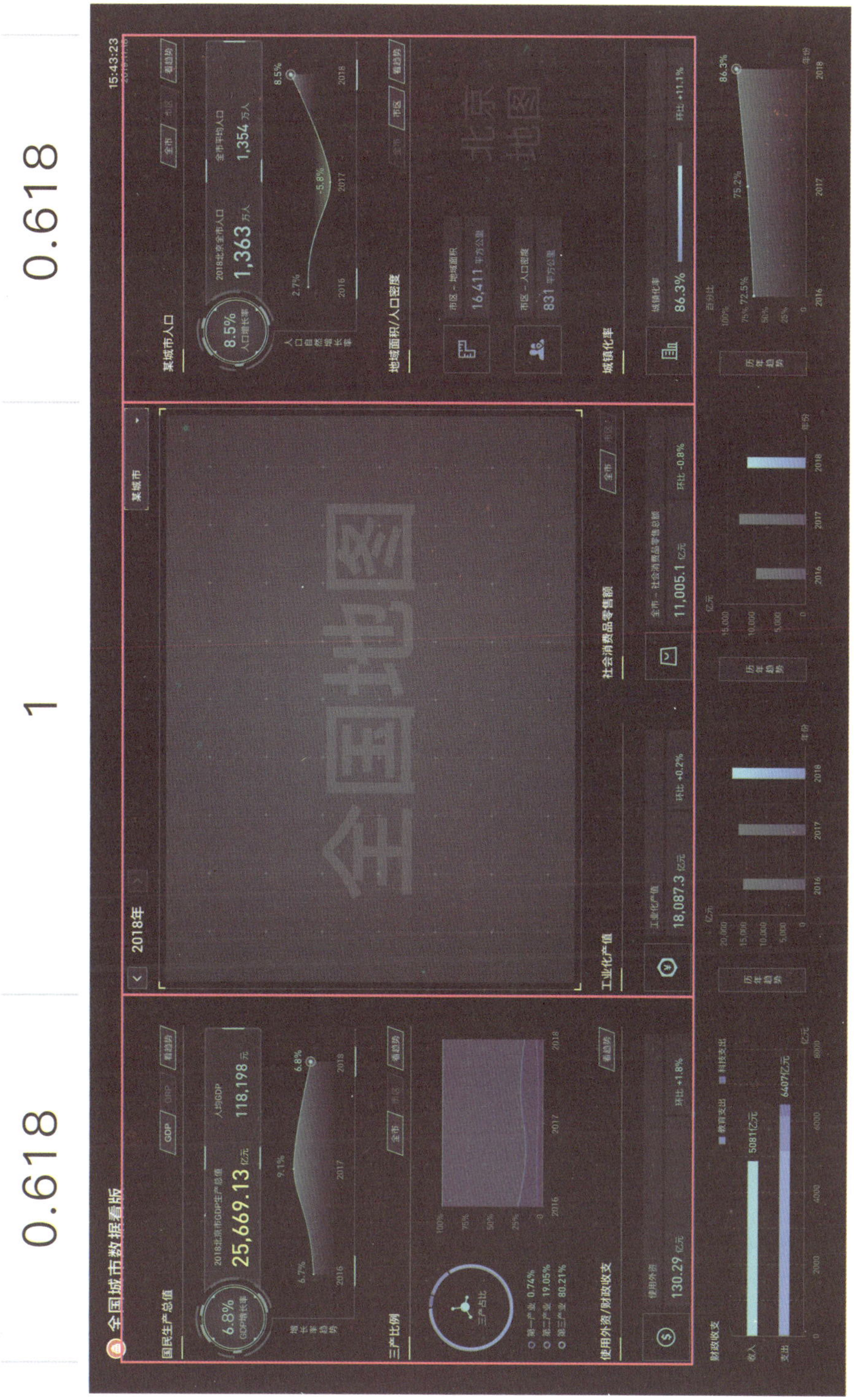
0.618
1
0.618
全国城市数据看版
15:43:23
国民生产总值
GDP
看趋势
2018北京市GDP生产总值
25,669.13 亿元
人均GDP
118,198 元
6.8%
GDP增长率
6.7%
9.1%
6.8%
2016
2017
2018
三产比例
三产占比
第一产业 0.74%
第二产业 19.05%
第三产业 80.21%
使用外资/财政收支
使用外资
130.29 亿元
环比 +1.8%
财政收支
收入
支出
教育支出
科技支出
5081亿元
6407亿元
2018年
某城市
全国地图
工业化产值
18,087.3 亿元
环比 +0.2%
历年趋势
社会消费品零售额
11,005.1 亿元
环比 -0.8%
某城市人口
8.5%
人口增长率
2018北京全市人口
1,363 万人
全市平均人口
1,354 万人
2.7%
-5.8%
8.5%
地域面积/人口密度
市区 - 地域面积
16,411 平方公里
市区 - 人口密度
831 平方公里
北京地图
城镇化率
86.3%
环比 +11.1%
72.5%
75.2%
86.3%

图 3-30

2. 元素间的黄金比例

在设计过程中，设计师最好能将使用黄金比例成为一种意识，不只是在整体的布局中，在小模块的元素设计中同样也可以考虑使用。如图 3-31 所示，在小元素间也使用了黄金比例，这样的设计不仅协调好看，也更有说服力。使用黄金比例其实不用刻意精准地去计算，只要牢记 0.618 的比例即可。例如，设计第一个元素是 100px，那么临近的元素首先要尝试 60px 或者 160px 大小的设计，这样的设计就接近黄金比例了。

图 3-31

3. 留白中的黄金比例

适当的留白设计可以让界面更有层次和呼吸感，也能让视觉聚焦，带来非常好的视觉效果。黄金比例同样是留白的一个基本准则，在图 3-32 所示的图标设计中，如果没有外围的边框，那么在对比旁边的元素时，在视觉上就会没有平衡感。如果把图标放大，又会过于突兀，而把小图标加上一个外框就解决了视觉平衡的问题。外框的大小与旁边的元素要保持高度一致，建议通过图标与框的黄金比例来留白。

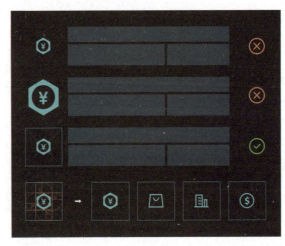

图 3-32

3.4.4 色彩之美——用色技巧

在可视化大屏设计中,色彩的使用非常重要,舒适的色彩不仅能够表现出视觉上的美感,同时也能让数据更好地可视化呈现。色彩有三个要素,即色相、明度、饱和度,它们是影响设计的重要因素。下面我们从这三个要素,针对可视化大屏设计讲解用色规律。

1. 色相

色相是颜色测量术语,用于区别不同的颜色,所谓红色、黄色、绿色、蓝色等称呼就是色彩的色相。合理地使用色相可以突出内容,比如看书时用带颜色的笔标记内容,当再次翻阅时就能快速查看所标记的区域,这就是用色彩影响了你的视觉注意力。在视觉设计中,设计师常常用这样的方法突出重点数据,如图3-33所示,先看到的就是色相艳丽的折线。

图 3-33

2. 明度与饱和度

明度是指色彩的明暗程度,明度最高的颜色为白色,最低的为黑色。在数据图表的配色中,通过色彩的明度可以表达同一类数据中不同程度的情况。如图3-34中的热力图,利用色彩的明度直观地表现了数据的大小,这样比用不同色相的表达方式更容易理解。色彩明度的使用一般不要超过6个等级,同时要尽可能把色彩明度的跨度拉大,增强对比性。

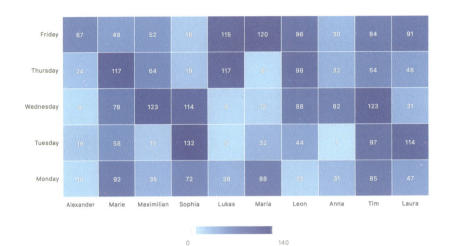

图 3-34

饱和度是指色彩所具有的鲜艳强度,饱和度最高的颜色被称为纯色,最低的被称为灰色,即无彩色。大屏背景一般会采用暗色调,在配色上暗色背景的色彩明度和饱和度不宜过低,否则对比性较弱,视觉上会略显沉闷。如图 3-35 所示,对于暗色背景中重要的元素,需要使用饱和度和明度较高的颜色,这样在视觉上更为突出聚焦。

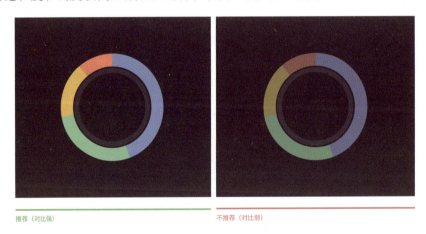

图 3-35

3. 同类色

明度变化的同类色可以营造出和谐统一的视觉效果,但同类色的缺点是对比性差。在图形中,如果同类色使用不当就会降低识别性,如图 3-36 右图中的同类色环形图,在视觉上就不易分辨类别。环形图为占比类图形，每个占比都是一个分类，目的是强调分类间的对比性，故不宜使用同类色。而在前面提到的同色系不同明度变化的热力图中，只是表示数据的大小，没有分类维度，故较为适用。

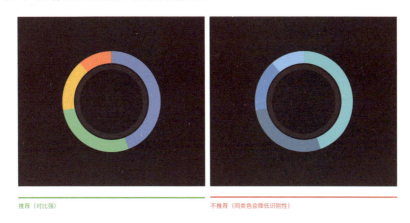

推荐（对比强）　　　　　　　　　　　不推荐（同类色会降低识别性）

图 3-36

如果产品的整体风格不需要太多的色相呈现，图形设计的配色则可以使用同类色，但颜色使用要有规律，比如色彩的明度呈现递增或递减的视觉效果，并且要拉大明度的跨度，这样能强调分类的对比性。

在界面设计中，通过主色调延伸出来的同类色辅助元素的配色最为合理，比如边框设计、细节元素设计、标题设计等，这样会使界面的呈现和谐统一。另外要强调的是，如果是大屏设计就要慎用大面积的渐变色，小面积的可以尝试。由于不同品牌的大屏在色差上一般也会有很大的不同，因此如果有条件的话，当设计稿出来时一定要在大屏上做视觉的可行性测试。

3.4.5　色彩之美——认知配色

在生活中，人对色彩的经验积累会形成心理效应，对色彩的感知会转化成记忆、情感、情绪，进而引申出思想、寓意和象征，而人对色彩的认知也由此而生。人对色彩的感知具有共性，比如红色、橙色等为暖色系，这类颜色可以使物体看起来比实际的要大，在视觉表现上较为突出；而蓝色、蓝绿色等为冷色系，这类颜色可以使物体看起来比实际的要小，在视觉表现上有收缩感；明度高的颜色具有轻快感，明度低的颜色具有厚重感等。人对色彩的这种感知是产品设计配色的重要依据。

在日常生活中，警告类的信息通常会用较为突出的暖色系，比如红色的汽车刹车灯、黄色的警告标示，其实对于产品中的预警提示也可以采用这样的配色方案。再者就是人对色彩的认知，比如在给小朋友买玩具时，多数会给女孩选粉色的，给男孩选蓝色的。对于数据可视化图形的设计，设计师还可以通过将图形的分类及数据属性与人对色彩的感知结合来定义色彩。如图 3-37 所示，用突出的色彩强调第一名，对于类别中的"其他"次要分类数据使用视觉上较弱的颜色，这样有助于观者通过颜色理解数据。

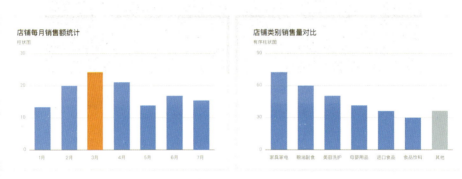

图 3-37

不同国度、地域、民族、信仰及文化素养的人，对色彩的认知会有很大的区别。因此，在设计产品前，设计师需要多了解产品的背景、用户人群的特征，只有这样才能精准把控产品的色彩。

3.4.6 色彩之美——视觉无障碍设计

全球大概有 8%～10% 的男性和约 0.5% 的女性患有不同程度的色盲，大约是 2 亿人。其中红绿色盲最多，大概占色盲总数的 99%，蓝色盲和全色盲极其少见，这里只针对红绿色盲来讲解。视觉无障碍设计就是要消除色盲用户在观看界面时产生的困惑和障碍，为这一类用户提供良好的产品体验。

我们来感受一下红绿色盲的世界，由于红绿色盲不能很好地分辨红色、紫色、绿色，但可以识别光谱中的黄、蓝两色，因此红色在红绿色盲眼中近似于深灰色，如图 3-38 所示。

图 3-38

红色盲不能分辨红与深绿、青蓝与紫，容易混淆红与绿、蓝与紫、浅绿与橘。

绿色盲不能分辨深棕与深红、紫与青，容易混淆黄与黄绿、浅绿与棕，如图 3-39 所示。

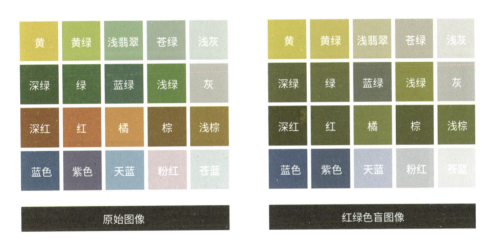

图 3-39

在日本，针对色盲人士研究出一组无障碍配色建议，这组配色对色盲群体有较高的辨识度，对 RGB 和 CMYK 都适用，如图 3-40 所示。但这组配色在工作中的使用局限性太大，很难满足用色要求。

图 3-40

在产品设计中,满足红绿色盲的需求不能只靠颜色来获取信息,还可以通过增加多种视觉线索的方式解决,比如文字提示、图标示意、使用控件等方式。这样不仅能加强对正常视力用户视觉的引导,而且对色盲用户也能有很好的包容性。在图 3-41 所示的登录框中,当输入错误时,如果只是变成红色提示,色盲用户就很难察觉,而增加文字提示或者图标提示就能帮忙他们有效地获取信息。

图 3-41

设计软件 Photoshop 和 Illustrator（简称 Ai）的高版本都提供了红绿色盲的校样设置，在软件界面中选择"视图—校样设置—红色盲型/绿色盲型"即可转换为红绿色盲眼中的视觉图像。在设计稿完成后，不妨用软件的红绿色盲效验，若有颜色不容易辨别，就要考虑是否增加多种视觉线索的设计。

3.5 文案设计之美

文案是产品中最常见的元素，也是产品设计者最容易忽视的元素，其实任何产品的文案设计都需要深入思考。文案是与用户对话的一种方式，合适的语气、精准的表达、专业的阐述，都是与用户建立信任、使用户产生共鸣、提高产品的可用性、助力产品人格化的重要方式。无论数据可视化产品还是 App 产品，不合理的文案设计都有可能导致用户的阅读效率降低，理解成本增加，或者与产品的调性不匹配。下面我们就一起走进文案设计的世界，感受它的重要性！

3.5.1 积极友好的文案设计

在生活中，一个说话积极友善的人总会更讨人喜欢，而产品中的文案设计同样如此。产品的文案就是在跟用户对话，不友好的表述、冷冰冰的语气，都会给用户带来不好的感受。

图 3-42 所示是笔者工作中的案例，原型图上的文案为"只能上传 SHP 格式的文件，且不超过 500KB"，这给用户的感受不够友好，关键词"只能""且不"给人一种被命令的感觉，不够尊重用户。从产品的角度来讲，关键词"只能"还给人一种产品不够强大的感觉。

在修改为"请上传 SHP 格式的文件，大小须在 500KB 以内"后，语气就变得温和友好了很多，关键词"请"体现出对用户的尊重，并且没有强调产品只支持单一格式，这样用户就不会有产品不够强大的感受。在文案的设计中，不要去命令用户，而是要尊重用户，语气上要友好、积极，这样用户在使用产品的过程中才会感到很舒服。

图 3-42

3.5.2 从用户的需求和痛点出发设计文案

文案设计要善于从用户的需求和痛点出发,如提示性的语言只有能满足用户需求或解决用户痛点,用户才愿意配合,甚至积极完成任务,从而达到产品的目的。图 3-43 所示的文案同样是出自笔者曾经设计的一款关于优化营商环境的产品。此环节是通过问卷的形式收集企业负责人在政府单位办理业务时对各个环节服务的感受,然后发现问题并改善问题。产品最大的难点是如何让用户认真积极地作答,因此在答题开始前会有一个相关的提示。

图 3-43

图 3-43 所示的原型图上的文案设计,如果从用户的角度去思考,"请帮助我们……"这样的表述给用户的感受是"我需要付出什么",就很容易使用户产生抗拒心理,从而影响问卷调查的可靠性,甚至用户会出现反感、拒答的情况。

类似于这样的文案设计,设计师要从产品的目的出发,深入思考用户的需求,在文案的表述中要为用户着想,比如当用户办理业务时都希望得到高效、良好的服务体验,那么在文案设计上就应该从这些点出发,赋予用户的感受是"得到"而不是"付出"。

修改后,"为了给您的企业带来更优质高效的服务体验……"这样的表述给用户的感受是平台在为他着想,而不是他在帮助平台。在办理业务时,用户最大的痛点通常就是流程烦琐低效,而文案中的"高效"就是在为用户解决痛点,能直击用户的内心,所以从用户需求和痛点出发的文案设计,才是最有价值的。

3.5.3 如何用文案渲染产品调性

在产品设计中,设计师常常会给产品赋予一种人格形象,如吉祥物、小管家、智能机器人等。一个鲜明的人格形象不仅能给用户带来深刻的印象,同时也能拉近产品与用户的距离。通过给人格形象设计专属的语言、语气,产品的调性也会越发突出。如图 3-44 所示,针对产品中有人格形象设计的文案最好能结合人格形象来定义,这样才能达到强化产品人格化的效果。

图 3-44

虽然很多产品没有吉祥物等形象的设计,但仍需要用文案渲染产品的调性。下面我们来分享三款音乐类 App 的文案设计,分析如何用文案助力产品人格。图 3-45 所示是三款音乐类产品缺省页的文案设计。对于音乐类产品,用户听音乐更多的是在寻找一种轻松愉悦的感受,咪咕音乐的缺省页提示文案是"这里好像什么都没有呢……"听起来轻松活泼可爱,而多米音乐 Pro 的文案"暂无播放记录"给人一种较为严肃的感觉,因此咪咕音乐的文案设计更能表现出音乐类产品的调性。

对于多米音乐 Pro 这种冷静、干脆、不营造情绪氛围的提示文案,也适合用于非常多的产品,如工具类产品、数据可视化产品,因为这类产品要体现产品的专业性、便捷、高效与严谨性,所以这样的文案同样是在渲染产品的调性。

大众类的音乐产品需要轻松的提示文案,而对于一些小众音乐 App 就不能一概而论了。如图 3-45 中 Moo 音乐产品的文案,缺省页文案为"Oh Moooo Nothing yet",中文翻译就是"哦,没有什么",这就给人一种很有个性的感受,对于此产品非常恰当。因为这款产品的定位就是喜欢追求新事物的年轻人或专业的音乐人,所以这样的提示文案迎合了目标用户的特征,给用户一种找到自我的内心感受,同样是助力了产品的调性。

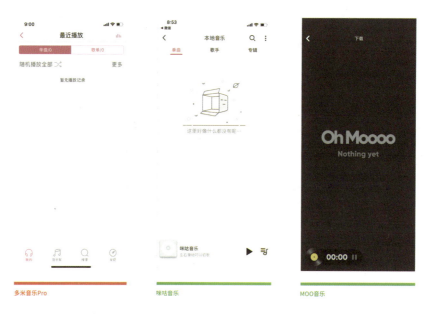

图 3-45

3.5.4 拉近与用户距离的文案设计

文字定义的是内容,而文字的语气则可以营造情绪与氛围。对于不同类型的产品,需要用不同的语气来表达,恰当的语气可以拉近与用户的距离,比如在产品中恰当地使用"你"和"您"。

当在产品文案中使用"你"和"您"时,要根据产品与用户的关系来定,如社交类产品跟用户是一种平等关系,用"你"更为恰当,不会给用户一种疏远或讨好的感觉;而电商类产品的用户即是客户,使用"您"则表示对用户的尊重,较为恰当,如图 3-46 所示。

你还没有任何收藏	您的订单已提交,请等待买家发货
社交产品	电商产品

图 3-46

在讲解接下来的文案设计前,有必要先欣赏一下方文山绝美的歌词:

天青色等烟雨，而我在等你。《青花瓷》

你的爱飞很远，像候鸟季节变迁，我含泪面向着北边。《候鸟》

给你的爱一直很安静，来交换你偶尔给的关心。《一直很安静》

你的美，已经给了谁，追了又追，我要不回。《断了的弦》

我在找那个故事里的人，你是不可缺少的部分。《小小》

……

不知道你从歌词中有没有发现什么规律呢？方文山曾坦言，在歌词的副歌部分，他总爱用到主语"你"和"我"，因为使用主语有指向性、有力度，容易形成记忆，其实产品中的文案同样如此。例如，"你还没有任何消息哦！"比"还没有任何消息哦！"更有指向性，因此在提示文案中多使用主语会有更好的效果。

需要注意的是，在产品中要给用户一个确定的人称，而不是多个人称，即不要称呼用户"你"的同时又使用"我"，这样会让用户产生疑惑，有割裂感，如图3-47所示。在产品的文案中，如果是产品与用户的对话通常使用"你"，如果是把用户带入产品中则使用"我"，比如界面中的标题是我的发布，那对应的缺省页的文案就是"我还没有发布"，而不是"你还没有发布"。

图 3-47

3.5.5 提高阅读效率的文案设计

1. 目的先行

生活中常常会遇到这样的人，在描述一件事的时候，絮叨了半天没有重点，一直不知道他在表达什么意思，听到最后才知道他在说什么。这种逻辑结构的表述不要出现在产品中，否则会直接影响用户的阅读效率，甚至让用户产生反感。

产品的文案设计要目的先行，即先把目的表达出来，然后再叙述内容。如图 3-48 所示，针对"需要再加 10 元商品，就可以免邮费"这种目的后行的方案，用户首先看到的是需要加钱，而看到最后才明白加钱可以免邮费。而目的先行的文案会设计为"免邮费，需要再加 10 元商品"，用户先看到的是免邮费，这不仅能吸引用户，而且瞬间能让他们明白要点。

图 3-48

2. 简洁高效

当用户读产品文案时，往往习惯一扫而过，故文案的设计一定要简洁，这样才能让用户高效阅读。在图 3-49 中，两个文案叙述的是同一件事，而简书的文案更简洁，传达的信息更高效。另外，在产品中提示文案一般不要超过两行，否则用户就很难达到扫一眼即懂的效果。如果内容很多，可以分条目展示，切记不要出现大段文字。

图 3-49

3.5.6 价值引导的文案设计

价值引导一般是从产品出发，给用户提供价值感受，从而促使用户产生行为操作。图 3-50 所示为引导用户设置手势密码的文案，这里要告诉用户"为了你的账号安全，需要设置手势密码"，而不是简单粗暴地告诉用户去设置。当产品希望用户去完成某个操作时，要告知用户这样操作的重要性和意义，这样用户才会更愿意去完成。

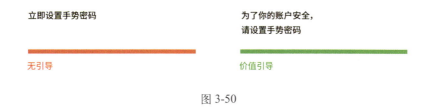

图 3-50

3.5.7 文案表述的一致性

提示文案的一致性能让用户不迷惑，清晰、明确地帮助用户建立使用产品的认知。当用户点击进入板块时，项目的内外名称要保持一致。如图 3-51 所示，点击"新建项目"按钮，板块中的标题通常也是"新建项目"，这样的一致性原则有助于用户的使用，不至于使他们产生疑惑。

图 3-51

一致性也体现在文字的表述上，如一组功能入口中的"手机充值"。其中"手机"是名词置前，"充值"是动词置后，那么同一组功能入口的表述也要遵循这个规律。如图 3-52 所示，前三个都是名词在前，动词在后，最后的"分类垃圾"是动词在前，名词在后，与前者没有统一，导致缺乏一致性。

图 3-52

3.5.8 文字排版规范

1. 数字与文字间加空格更易阅读

在产品的文案中，一般都有数字与文字结合的表达，如"已经记录了 28 条信息"等。如果要体现数据，那么在文案中数字与文字最好用空格隔开，这样能增强用户的易读性并且能突出数据，如图 3-53 所示。

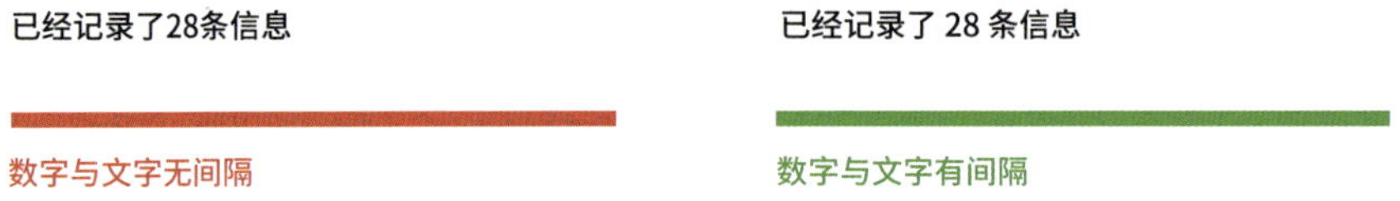

已经记录了28条信息

数字与文字无间隔

已经记录了 28 条信息

数字与文字有间隔

图 3-53

但也不是所有的设计都需要把数字与文字用空格隔开，如要描述一件事"我家的狗狗今年 1 岁了"，这就不需要用空格隔开。

2. 使用阿拉伯数字

因为人们对阿拉伯数字的感知速度远远大于文字表述，所以在通常情况下表达数据最好使用阿拉伯数字，这样会更加直观，如图 3-54 所示。

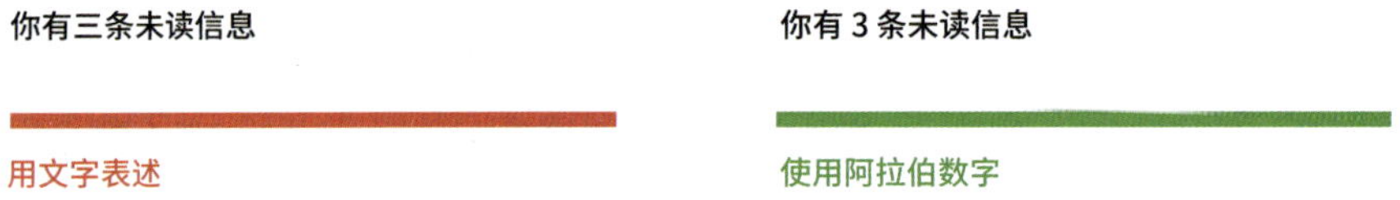

你有三条未读信息

用文字表述

你有 3 条未读信息

使用阿拉伯数字

图 3-54

3. 注释文案不用空两格

在产品的文案排版中，一般不用在段落开头空两格，尤其是较短的文案提示，否则会使界面看起来没有对齐，影响美感，如图 3-55 所示。需要注意的是，英文的排版任何时候都不需要空两格。

图 3-55

3.5.9 文案标点使用规范

标点的合理使用是文案设计的重要组成部分，标点可以强调感情、表达语气，助力产品的人格表现，例如感叹号能够强调感情，但如果运用不当就会适得其反。如图 3-56 中的文案，当表达一件积极的事情时，可以用感叹号强调；而当用户操作出现失误时，最好不要使用感叹号，否则会给用户一种被指责的强烈感受。

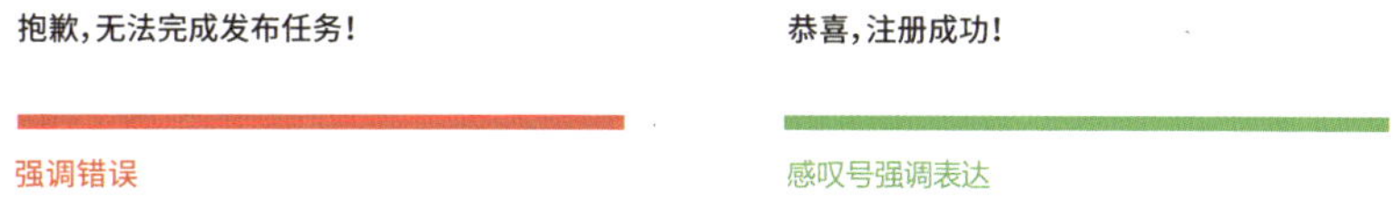

图 3-56

对于简短的文案一般不需要加标点，如标题、标签、悬停文本中的注释、表格中的句子等，如图 3-57 所示。

图 3-57

下面是标点使用的一些案例：

还没有任何收藏。（不推荐加标点）

还没有任何收藏哦～（强调语气可以加标点）

请输入。（不推荐加标点）

请输入（推荐不加标点）

请输入 ...（推荐加省略号）

忘记密码。（标点错误）

忘记密码（推荐不加标点）

忘记密码？（标点正确）

3.5.10　英文使用规范

在很多产品中，标题常常会配有英文，这时英文单词的首字母需要大写，如图 3-58 所示。如果是产品名称的缩写就需要全部大写，如 CRM、OA 系统，而英文语句或单词尽可能不要大写，否则不利于阅读。但如果只是为了满足设计形式排版上的需要，使用大写是没有问题的，因为这时英文的重点不是体现单词的意思，而是体现界面的设计美感。

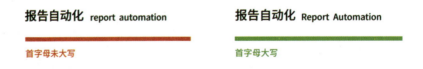

图 3-58

对于一些专有英文名词，则需要按官方的规范书写，如很多人常常会把 YouTube 写成 Youtube，这样是不符合要求的，而且很可能会给人带来疑惑，如图 3-59 所示。

图 3-59

3.5.11 特殊字体使用

在数据可视化产品设计中，为了迎合某种设计风格，常常会使用一些特殊字体。所谓的特殊字体就是非系统默认的字体，这时最需要注意的就是字体的版权问题，非商用的字体需要购买使用权。

在数据可视化产品中，一般正文优先使用系统默认的字体，为了在表现上更出彩，标题可以使用其他符合产品风格的字体，如英文和数字常常用到一些有科技感的字体，如图 3-60 所示。对于特殊字体的使用，一般需要给开发人员一份字体包。如果字体包过大，则可以用字体处理软件，如 Font Creator 把不用的字符删除。还有一种方法是，把要使用的字体切换成 SVG 格式，比如分别把数字 0 ～ 9 切换成 SVG 格式再给前端工程师，这种方法的好处是可以使用自己设计的字体。

DIN	Acens	Digital-7Mono
ABCDEFG...UVWXYZ	ABCDEFG...UVWXYZ	ABCDEFG...UVWXYZ
1234567890	1234567890	1234567890

图 3-60

04

交互设计

交互（inter-action）是指 A 与 B 之间的互动行为。在互联网产品中，交互设计就是设计人与产品的互动行为，可以定义为两个或多个互动个体间的内容交流且互相配合，以达到某种产品的目的。交互设计也是指建立人与产品的服务关系，通过以人为本的设计理念提高产品的用户体验和可用性及产品的商业目的。

交互是 UI 设计师的底层能力，有交互思维的 UI 设计师设计的产品的体验性往往更好。交互与视觉相辅相成，只有将两者结合设计师才能设计出优秀的产品，同时也更容易产生好的设计创意。要想成为优秀的 UI 设计师，交互能力是必须要具备的。下面介绍怎样培养 UI 设计师的交互能力。

4.1 交互思维

交互思维是以用户为中心，以提升产品价值为目标的一种思维模式。以用户为中心的立足点在于明确目标用户，充分了解用户需求。如果以可视化大屏产品设计来说，就是要明确大屏使用者的需求、行为、目的，产品服务的用户及需求，甚至还要考虑各个角色的利益关系等。对于不同的用户，在产品的设计形式上也有所差异。

4.1.1 用户体验

用户体验是用户在使用产品的过程中和使用后的主观感受，包括用户的情感、喜好、认知印象、心理和生理反应等多个方面。做好用户体验必须要研究用户，以便提高产品的易学性、效率性、用户满意度、情绪板印象等，并且整个产品的设计都要从这些方面出发。

设计师要真正具备以用户为中心的交互思维，其实并不简单。举个例子，原来产品的登录没有验证码机制（输入抽象的字母验证码），为了防止自动程序恶意破解密码，在产品迭代时需要增加此机制。针对缺乏交互思维的设计师可能会直接把输入验证码设计在界面中，用户登录的流程就是输入用户名—密码—验证码，这看似满足了需求，事实上却影响了用户体验，因为多了一步就等于多给用户设置了一道障碍。

那如何做到既满足需求，又不影响用户体验呢？先要思考增加验证码机制的目的是防止机器恶意破解密码，而不是给用户设置登录障碍。而在用户登录时，一般只有少数用户会忘记密码或输错密码，而且再次尝试后基本上都能完成登录过程。在设计时，我们应该给用户3次免验证码登录的机会，当登录密码连续3次输入错误时再弹出验证码输入框，这样就不会影响绝大多数用户的体验了，如图4-1所示。

图 4-1

当技术上可以用其他方式解决机器恶意破解密码的问题，不需要设计安全性验证码时，在交互设计上可以使用体验性更高的方式。试想，当用户多次输入密码错误时，大概率应该是忘记了密码，这时弹窗提示用户找回密码或使用手机验证码登录会更合理。这种引导性交互设计，会给用户一种"懂他"的感觉，从而产生好的体验感受。

4.1.2 用户思维

做好用户体验需要具备用户思维，简单来讲，用户思维就是站在用户的角度去思考问题，其前提是需要了解和认识用户。其中了解用户最常用的两种方式，即定性研究和定量研究。在一般情况下，设计师需要先通过这两种方式得到典型用户的用户画像，然后再根据用户画像指导产品的设计。

1. 定性研究

定性研究常用于探索方向、发现问题、寻找原因等，常用的方法有座谈会、深度访谈、工作坊等。

座谈会也叫焦点小组，参加人数通常为6～8人，访谈对象为具有共同特征的目标群体，由专业的用户研究员主持，现场即时互动，沟通规程平等。一般是通过座谈会的讨论互动收集信息，最终挖掘潜在的用户需求。

深度访谈一般为一对一、面对面的形式，访谈方式秉承深入递进、无结构式的原则，且一般会根据受访者的回答灵活调整后面的问题。深度访谈一般适用于受访者个体差异较大、不愿意公开自己的身份或调查的产品较特殊、话题较敏感，不宜公开讨论的情况，如受访者为竞争对手、行业专家、内部员工等。

工作坊一般会由多个参与方参与，研究人员需要对参与人员、活动主题、时间和空间环境进行精细设计，如图4-2所示。工作坊一般适用于概念开发和产品测试阶段，相对于传统的座谈会，工作坊对时间和空间的设计更充分，参与方也更多元化。不同于座谈会是以信息收集为导向，工作坊是以解决问题为导向，最终目标是产生解决方案。

图4-2

在定性研究中，样本需要具有"典型性"，确定样本量的标准为信息是否饱和。当研究人员发现受访者没有再提供新信息时，调研也就可以终止了。根据抽样统计原理及业界长期的实践验证，6个同质化的被访者可发现近90%的问题，当然，每增加一个样本都能发现新的问题，而当样本量超过6个时，发现新问题的效率会显著降低，因此可根据实际预期成本及工作时间对定性样本量进行平衡考量。

2. 定量研究

定量研究常用于推论总体、找高低、找多少等，是对受访者的行为进行量化。定量研究通常是通过问卷收集数据，之后分析数据得出结论。根据问卷的问题数量及执行难度，定量研究又分线上和线下两种方式。对于问题数量较大、样本执行难度较高的问卷，通常使用线下拦截访问、邀约访问、电话访问等形式。

因为定量研究的样本需要具有"代表性"，所以问卷投放前需要明确目标人群，设置基本的甄别条件对受访者进行筛选。同时，根据研究内容及重点的不同，可对受访者的自然属性、社会属性等多个维度进行配额设置，以确保研究的丰富性和全面性。

根据统计学原理，样本量通常至少要达到30才具备研究价值，样本量越大，抽样误差也就越小，图4-3所示为抽样误差表。

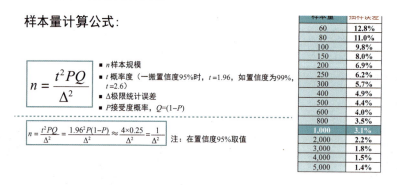

图 4-3

定性研究与定量研究相辅相成，互相补充验证，合理地运用它们可以使设计师对用户需求有更准确、更全面的了解。在产品的探索阶段，可采用定性研究先行的方式挖掘用户需求，进行探索性发现，从定性研究中提炼聚焦研究内容，为定量研究提供方向，而后再通过定量研究进行统计学验证。而对于一个较为了解的产品，可先通过定量研究发现问题规律，而后再采用定性研究进行有针对性的深入挖掘。

针对以上两种研究方法，需要注意的是，不能直接、盲目地将用户的需求及意见作为设计产品的参考，还要根据产品的目标需求及产品设计者的专业视角过滤掉无价值的需求。

4.1.3 交互五要素

国内交互设计的带头人辛向阳教授，曾提出交互设计过程中的五个要素，分别为用户、行为、目标、场景和媒介，如图4-4所示。用一句话连接起来就是什么人在什么场景下，通过什么方式要完成什么事情。比如，一个白领女性在周末的晚上，使用手机通过购物App买了一个美容仪，即白领女性为用户、周末晚上为场景、

图 4-4

使用手机为行为、购物App为媒介、买美容仪为目的。这五个要素就总结了交互设计整个过程的思考，设计师在设计产品时只有时刻保持这样的思考方式才不容易出现纰漏。

1. 用户

产品为目标用户而设计，其可以大到所有人，如微信，这类产品研究用户更多的是研究人性，如之前的摇一摇、附近的人等功能都是挖掘人性底层的需求；也可以小到一个人或拥有一样特征的一群人，如网易云音乐，其目标用户为都市白领，虽然可能还有其他人群，但这些不是目标用户，故不用过多考虑他们的特征。

确定了目标用户，接下来就是研究用户。研究用户的心智模型，找寻用户的习惯认知特征，如文化背景、爱好、日常行为、生活圈子等，这些都是产品设计的重要属性。通过对用户的研究，设计师能够更加准确地把控产品设计的方向。

2. 场景

场景是指用户在使用产品时，自身所处的环境，如公司、家、地铁等。不同的场景，用户的感受和使用产品的行为也不一样，如打车软件的司机端，司机的使用场景可能是在行驶中，界面的交互设计就需要考虑司机师傅操作的便捷性和安全性，如加大按钮、交互简单等。因此，产品设计符合使用场景的合理性尤为重要。

3. 目标和行为

目标和行为是因果关系，因为用户的目标直接影响其行为，所以在产品设计之初先要考虑不同用户的目的，再通过界面交互设计提供相应的行为引导，最终将最直接、最有效的形式落实到产品中。

用户使用产品的行为路径大概可以分为三种：渐进式、往复式和随机式，下面我们举例一一说明。

渐进式：行为目标是明确的，如购买 iPhone 11，打开 App—搜索 iPhone 11—选择参数—购买，目标清晰，这种从 A 到 B 到 C 的操作称为渐进式。

往复式：行为目标具有随机性，如用户购买手机，但还不确定买哪个品牌的哪一款，打开 App—搜索手机—查看品牌 1—退出详情—查看品牌 2—退出详情 ……购买，这种从 A 到 B，B 回到 A，A 再到 C 的往复循环操作称为往复式。

随机式：行为目标是模糊的，如浏览电商平台就是随机行为，看到感兴趣的就会点击浏览，没有规律。

4. 媒介

媒介是用户达到目标所需要的载体，如手机、电脑、大屏等；也包括产品的形态，如 App、小程序、网页、公众号、H5 等。不同的媒介都有其独有的特征和使用场景，设计师需要根据业务类型选择恰当的媒介。

4.1.4 5W1H 分析法

5W1H 分析法又称为六合分析法，在各行各业中被广泛运用。5W1H 分析法非常适用于对产品需求的挖掘，同时在设计产品时，也可以根据它来思考和分析问题，全面了解产品，这也是跟需求方进行有效沟通的思维逻辑。

What（对象）：要做什么产品，产品是干什么的。

Who（用户）：给什么人用，产品的功能为谁而设计。

Where（场景）：用户都会在什么场景下使用产品。

Why（目标）：用户的动机和行为是什么，如何解决问题。

When（时间）：了解产品功能的优先级，如何做需求排期。

How（验证）：验证需求，测试量化设计。

以一个数据可视化大屏产品的设计为例，说明如何利用 5W1H 方法与需求方进行沟通。

What：要做什么产品，产品是干什么的？

结论：可视化大屏设计，产品主要用于公安机关案件的预警。

Who：给什么人用，产品的功能为谁而设计？

结论：公司业务人员使用，同时也供领导参观。

Where：用户都会在什么场景下使用产品？

结论：业务人员会通过大屏的实时数据，对案件和预警情况进行分析和决策。

Why：用户的动机和行为是什么？如何解决问题？

结论：业务人员通过产品数据分析，对线下人员进行配备并进行业务决策，保障地区的治安稳定。

When：了解产品功能的优先级，如何做需求排期？

结论：功能优先级分析，预警功能—各区域数据展示—各区域数据对比—历史趋势。

How：验证需求，测试量化设计。

结论：拼接大屏，进行分辨率确认，实地考察进行可行性测试，分析业务匹配度，对功能进行调试。

以上过程是需求挖掘的一种思维逻辑，也是对产品的一个分析流程，其实在每个节点上还可以继续深挖需求，如挖掘产品使用者的职位特征、在实际产品使用中的顾虑和关注点等。同时，还可以组建焦点小组深入调研产品的设计需求。

4.2 交互设计定律

人们在不断的探索中，总结出众多的原则和定律，它们为产品设计提供了重要引导。

在交互设计中，在设计心理学、认知心理学、行为设计等领域，设计师们都总结了很多经过时间验证的原则和定律。交互设计之父阿兰·库珀有句名言，"除非有更好的选择，否则就遵从标准"，说的就是遵循原则和定律的重要性。

4.2.1 费茨定律

一个人站在街上，他指向面前的大楼很容易，因为楼很大，他能快速指向目标，但如果让他指向大楼某一层的某个窗户，就没有那么容易了。若他离大楼的距离很远，那会变得更加困难，由此看来，目标大小和目标距离会影响行为的用时。

费茨定律是指从一个起始位置移动到一个最终目标的时间由两个因素来决定，即到目标的距离（D）和目标的大小（S），如图 4-5 所示。下面我们通过滴滴车主抢单功能的设计来讲解费茨定律的具体应用。

图 4-5

滴滴打车司机端抢单功能的按钮设计得很大,这种设计是基于对司机使用手机场景的考虑,如图 4-6 所示。因为司机的手机通常被挂在车上,这样就会由于距离手机较远使操作变得不方便,再加上抢单的功能具有即时性,所以根据费茨定律把抢单按钮设计得较大,这样既能保证司机快速、精准地点击到抢单按钮,同时也能提高他们在开车场景中操作手机的安全性。

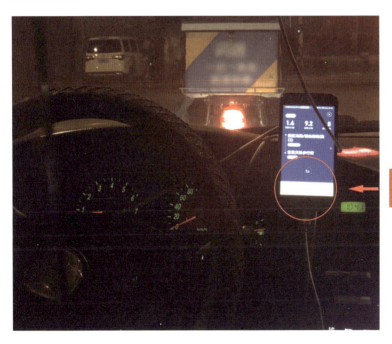

图 4-6

4.2.2 席克定律

席克定律是指当人面对的选择越多时,做出决策所需要的时间也就越长,如图 4-7 所示。

在产品的交互设计中，选项越多则意味着用户做出决定的时间越长，因此在执行任务页面中，在视觉上尽可能不要给用户呈现过多的选择，选择越少操作的体验性也就越好。

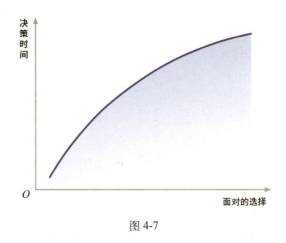

图 4-7

如图 4-8 所示，在今日头条手机验证登录的页面中，一个页面只有一个任务，这样就能够做到视觉聚焦，减少选择，以便用户快速完成登录。

图 4-8

4.2.3 泰斯勒定律

泰斯勒定律又被称为复杂性守恒定律，该定律认为每一个过程都有其固有的复杂性，都存在一个临界点，当超过临界点时过程就不能再简化了，只能将固有的复杂性从一个地方转移到另一个地方，如图 4-9 所示。

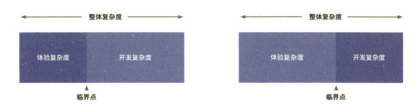

图 4-9

在产品开发的工作中，常常会有这样的矛盾：如果把一个功能做得更完善，那么用户体验肯定会更好，但会增加技术的开发成本，那么在现阶段倾向于哪个选择对产品开发更有利呢？这样的矛盾本质上就是在讨论复杂性守恒定律，而临界点就是最终要找的平衡点解决方案。

"千人千面"的产品要有一种智能推荐机制，即产品会根据用户的行为喜好推荐不同的内容，这样的内容会更吸引用户。例如，今日头条等内容类产品、淘宝网等电商类产品都是"千人千面"机制。推荐机制需要很强的算法技术和更高的服务器成本，而这种通过技术手段在复杂性守恒的情况下，为了保证用户体验将用户的体验复杂度转移给开发者，增加了开发复杂度的复杂性转移就是泰斯勒定律。

图 4-12

4.2.4 米勒定律

米勒定律也称为 7±2 法则,是指在短时间内,一般人记忆信息的容量为 7 加减 2,在交互设计中常基于这一定律来设计界面的信息呈现,以确保用户不会有信息负担,从而提高信息的易读性,保证用户使用产品的体验。

1. 7±2 法则为什么是"7"

将一把糖果撒在地上,如果超过 7 块,一般人就很难一下子看出糖果的数量。为了验证这一定律,心理学家用各种不同的材料进行了类似的实验,结果都约是"7"。由此可以看出,"7"是人类短时记忆的容量天花板。

2. 交互设计如何有效运用 7±2 法则

下面用子弹图来说明 7±2 法则,如图 4-13 所示,从第 5 条信息开始,已经有一小部分人开始有信息负担了,第 7 条信息是大多数人的容量,只有一小部分人可以到第 9 条。在产品设计的原则中,因为通常都是为大多数人设计的,所以理论上 7 条以内最佳,超过 7 条会损失大多数人的体验。

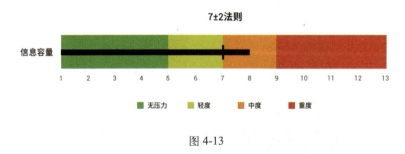

图 4-13

要想真正理解法则,设计师就要善于与产品设计本身的特征结合。图 4-14 所示为站酷网的顶部选项卡设计,其中第 8 个选择就是用一个聚合按钮来查看更多选项,这就是使用了 7±2 法则,并且区别了功能优先级,有效保证了用户使用产品的体验。

图 4-14

4.3 交互设计原则

交互设计原则解决的是用户使用产品最根本的两个问题：一是用户感知，二是用户行为。感知是在用户使用产品时对设计元素的理解，行为是对设计元素理解后的交互操作，两者是视觉与交互的结合。

学习交互设计原则，能培养设计师自身的交互思维，并能在实战中清晰找到设计向导，为用户提供主动性服务，降低认知成本，让人机交互更自然流畅。本节将分享一些实用的交互设计原则，相信在工作中能让你快速上手。

4.3.1 防错原则

防错原则讲的是产品不可能消除所有差错，但是必须能及时发现并立即纠正，防止差错形成缺陷。防错的交互机制对产品有非常重要的设计价值，如在填写表单时，假如用户不小心点了关闭按钮，而这时候已经填写了一大半的内容，如果没有任何提示产品就直接关闭页面，那用户简直就要崩溃了。

当在微信的聊天列表中滑动删除好友对话框时，会弹出"确认删除"按钮，如图 4-15 所示，这样的设计就是防错交互机制，防止用户误操作。

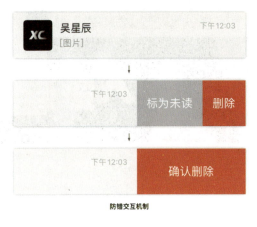

图 4-15

滴滴打车司机端结束行程的按钮设计，既要考虑在行车环境中的易操作性，也要防止司机误操作。如果把结束行程按钮设计成抢单按钮那样就非常容易误操作，而且这种失误是不可逆的，因此它是通过滑动来结束的，滑动操作比点击相对复杂一些，但是能起到防错的作用。

相反，滴滴司机接单的按钮设计也是点击按钮，为的是操作便捷。因此，交互设计有时需要结合产品的业务属性与使用场景来进行设计，图 4-16 所示分别为滴滴车主接单与结束行程的按钮设计。

图 4-16

苹果手机的来电设计同样用到了防错原则，来电时未使用手机和正在使用手机的接听按钮是不一样的，如图4-17所示。未使用手机时是滑动按钮，这是考虑到用户这时通常会把手机放在包里或衣兜里，拿手机时容易误点击，滑动操作相对于点击更为复杂，这虽然损失了一点体验，但防止了不可挽回的误操作行为。而正在使用手机的界面上是点击按钮，这是因为用户的视线正在手机屏幕上，点击操作对用户来说更为便捷。

图 4-17

防错机制一般会用在不可挽回的交互操作中，如接听电话，而可挽回并且对用户没有损失的，不需要做防错机制，如退出登录操作。如果退出登录时需要再次确认就是多此一举了，因为这种误操作的概率极低，就算是误操作也可以重新登录，另外也会影响用户体验。

4.3.2 美即好用效应

日本设计中心的研究员 Massaki Kurosu 和 Kaori Kashimura 曾做过一项实验，对 26 种不同 ATM 机的交互界面进行用户体验测试，主要是对界面中表现可用性的决定元素，如键盘布局、操作流程等进行测试评估。参与测试的有两百多人，测试结果发现绝大多数参与测试的人对产品可用性的关注微乎其微，反而更关注界面的美观度。

这一研究得出一项结论：当界面设计得足够美观时，用户往往会容忍一些影响较小的可用性问题。

美即好用效应非常符合当前数据可视化大屏的设计理念，因为大屏设计的第一原则就是视觉效果要出色。大屏设计重视觉体验，轻交互体验，出色的视觉体验就是大屏产品的最好体验，这也说明了大屏设计为什么总爱追求 FUI（科幻界面）风格。

虽说可视化大屏喜欢追求 FUI 风格，但也不能全盘参考，因为 FUI 重气氛渲染，轻内容信息表现。FUI 中的单色风格与小而精致的字号不利于信息的获取，而可视化大屏的信息呈现和功能体验是产品的核心，因此设计师掌握美观与可用性的平衡非常重要。

4.3.3　交互直接性原则

高效、易用一直是交互设计所追求的，而交互直接性原则是提高产品使用效率的重要依据。例如，在编辑内容时，如果能在当前区域内完成，尽可能不要打开另一个页面。正如交互之父阿兰·库珀所说的，"需要在哪里输出，就要允许在哪里输入"，其表述的就是直接性原则。

如图 4-18 所示，当点击"编辑"时，直接在当前位置弹出编辑框，直截了当，因为用户的视觉焦点这时正停留在鼠标点击的区域，所以修改弹窗在当前位置弹出不会让用户转移视线，操作起来便捷舒适。若在整个页面中出现弹窗，视觉就会跳跃引起盲视，导致用户的注意力被打断，损失体验。但当用户完成弹窗任务时，就需要全屏弹窗，因为在点击关闭弹窗后，用户会关注整个页面的内容变化，而不会只关注当前点击的局部内容。

图 4-18

在很多列表中，有时候需要做字段内容的编辑，比如修改数据或写备注信息等，这时最好的方式是在当前列表行内编辑，这样整个操作都在用户的视线内完成，不会打断用户的注意力。如图 4-19 所示，点击"编辑"激活字段修改模式，修改后直接保存，整个操作直接、流畅，过渡自然。

图 4-19

4.3.4 嵌入式呈现

在列表设计中,由于业务上的复杂性,有时候会遇到需要点击列表详情来查看数据结构或列表形式的情况。这时很多交互设计会选择跳转页面呈现,如图 4-20 所示,但这种操作并不是好的交互,会导致用户使用效率降低。

图 4-20

图 4-20 所示的信息结构其实是父子级的结构。如果在列表中存在子列表，其实不需要跳转页面，可以嵌套子列表。如图 4-21 所示，通过"展开"或"收起"的方式做父子级列表的嵌套展示，这样的交互设计可以有效解决用户在操作过程中被页面跳转打断的问题，同时嵌套父子级列表还可以满足不同字段的呈现及字段的多样性需求。

图 4-21

父子级列表嵌套的设计并不会增加开发成本，因为很多网站已有现成的组件可以使用。例如，在 Ant Design 网站上针对 Web 端后台、中台、数据类产品都有大量的组件可以使用，它们对设计师与前端开发人员的协作性，能够提供很大的帮助，网站首页如图 4-22 所示。例如，设计师使用的网站组件，前端开发人员也可以直接使用，所见即所用，大大提高了协作效率。不仅如此，它们也有利于设计师了解成熟的组件，开阔视野，以便使设计产品中的想法更灵活，解决问题的方式更多样。

图 4-22

4.3.5 用户心流

心流，是由心理学家米哈里·契克森米哈赖提出的一种积极心理学概念。他将心流体验定义为，一种将个人精力完全投入到某项活动中的感觉，甚至达到一种忘我的状态，而且伴随着心流的产生，会有高度兴奋感和充实感。

游戏化设计就是通过赋予用户使命感、成就感、奖励等激发用户心流体验的，而在产品交互设计中，不打断和指引用户操作同样是在保证用户的心流体验，如微信的产品体验。当手机无网络或网络不好时，在朋友圈给朋友点赞，操作界面上会及时响应，显示点赞成功，但其实朋友此时并不会收到点赞消息，如图4-23所示，而当网络连接成功时，系统会随之处理此操作。

在微信上发朋友圈同样如此，在无网络或网络不好时，也会立刻显示已发出，若此时出现无网络弹窗提示或发送加载，都会打断用户心流，影响交互体验。微信的这种体验设计润物无声，把难题留给自己，把体验带给用户，值得学习。

图 4-23

用户在使用产品时，难免会出现因为自身原因操作不当的情况，这时如果弹窗提醒操作错误，就会给用户带来挫败感，从而影响用户心流体验，但不是所有弹窗都是在打断用户心流，有的则是在建立用户心流体验。例如，当用户注册产品时，如果系统检查到此手机号已注册，这时候弹窗会提示"此手机号已注册，请登录"，然后提供两个按钮，左边为"取消"，右边为"去登录"，引导用户去登录，这样就重新建立了用户的心流。

4.4 可视化图表交互

交互式图表是基于互联网产品生态衍生出来的动态图表,区别于传统静态图表的数据表现形式。交互图表具有较强的扩展能力,用户通过与图表交互,可以从数据中获取更深层次的信息。

交互式图表从体验到功能都能助力数据的表现,如在体验上能区分数据主次为用户做优先级交互呈现、在功能上能实现数据联动表现出数据层级,以及通过交互方式展示更多数据等。交互式图表不仅可以帮助用户梳理和理解数据,而且在设计上还可以节省展示面积。

4.4.1 交互式图表

交互式图表可以让用户从数据中获取更多、更深层次的信息,比如 PC 端的鼠标悬停、点击、拖动等交互方式。鼠标悬停操作通常是从概览到局部的查看,点击是下钻和关联数据的查看,拖动则是查看更多数据或过滤数据等。

1. 鼠标悬停

鼠标悬停查看数据几乎是所有交互式图表都具备的功能,这对于趋势类图表或多维度数据的交互式查看非常实用。趋势类图表整体表现的是趋势变化,而当需要查看某个节点的数据时,用鼠标悬停即可查看;多维度数据图表是把数据全部展示出来,通常会因为数据过于密集而失去阅读性。因此,通过鼠标悬停查看图表是非常好的方式,如图 4-24 所示,堆积柱状图通过鼠标悬停交互方式呈现数据。

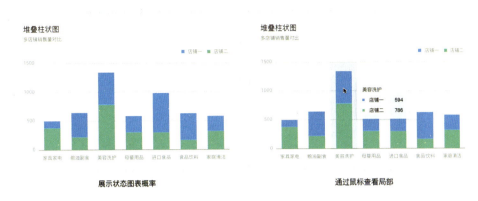

图 4-24

2. 点击

在复杂的可视化图表中,点击操作可以满足用户在不同层级之间切换查看的需求,从而实现对更多视图空间的探索。点击属于交互中的渐进式操作,如图 4-25 中的辐射图,通过点击节点可以展示此节点下更多的子节点,同样的方式也适用于饼图与条形图的组合图。点击饼图分类,条形图呈现此分类下的子类别数据,这不仅能实现下钻数据的探索,也能直观地体现出数据之间的关联性。

3. 拖动

图表中的拖动式交互可以展示更多数据,也可以进行数据筛选,以便用户筛选出兴趣点进行进一步探索。如图 4-26 所示,由于折线图的时间维度过长,PC 端通常选择用滑块缩略轴进行数据展示的控制,若将全部时间的数据都展示出来,时间节点就会过于密集,导致无法直观地查看短时间内的趋势变化,这时拖动滑块可以筛选出用户感兴趣的时间段数据,同时带有缩略轴的图表一般还可以通过鼠标滚轮实现对时间段大小的调节,操作更为便捷。

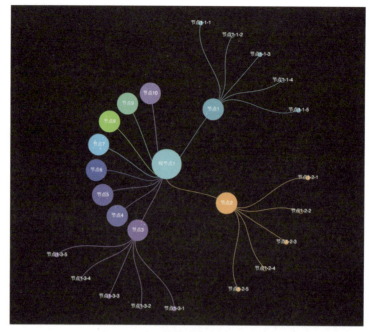

点击前的展示

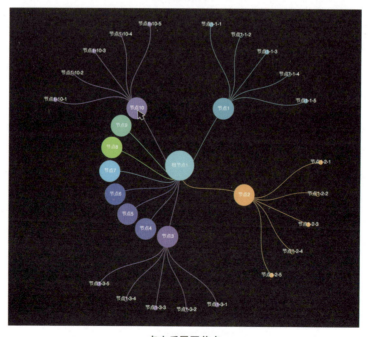

点击后展开节点

图 4-25

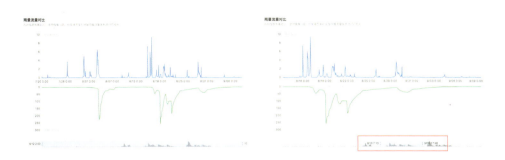

图 4-26

同样的方式也可以用于热力图,即通过拖动图例过滤数据。如图 4-27 所示,通过调整图例,图中只展示过滤后的数据,等同于对数据进行突出,实现了数据展示的降维处理。

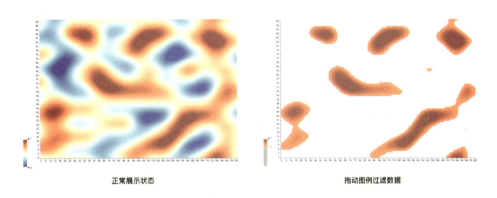

图 4-27

对于图表的交互,要满足用户两个需求:一是给予用户控制感,筛选出用户感兴趣的数据;二是在复杂的可视化中,要满足用户对不同层级数据的直观探索。当图表组件与交互行为结合时,要以用户习惯的交互方式实现,并且在视觉上做好引导,这能让用户清晰明了并且有信心控制好图表的交互行为。

4.4.2 简单可交互

1. 增加交互操作

对于多分类折线图,应该如何呈现呢?如果把所有折线都呈现出来,看起来会乱得像一团五颜六色的面条，这样的呈现会失去数据的表现性。如果图表分类可交互配置，就可以通过交互方式筛选数据进行查看。在图 4-28 的多分类折线图中，点击右侧的图例就可以关闭当前类别，这可以满足各个分类数据之间直观地呈现和对比的需求。

　　需要注意的是，这样的方式对于中台产品和后台产品非常实用，但对于展示型的可视化大屏需慎重使用，如超过四条折线就会大大降低可读性，因此展示型可视化大屏通常不会用交互方式查看数据。如果各个分类数据的趋势大小都有一定的差距，不会交织在一起，尚可尝试，但相互错落在一起的数据结构会降低识别性，因此还是不建议这样呈现。

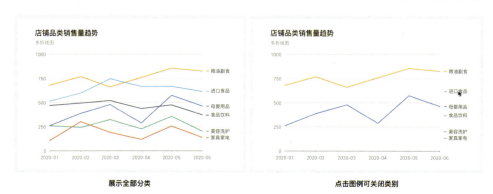

图 4-28

对于可视化大屏，四条以上的折线图可以换其他方式进行呈现：一种方式是首先要了解数据结构，分析出所有分类数据的重要性，如用户最关注的数据、最新数据或业务上最重要的指标数据等，然后突出最重要的分类指标，弱化其他分类；另外一种方式是通过动效展示依次点亮分类指标，循环进行展示，如图 4-29 所示。

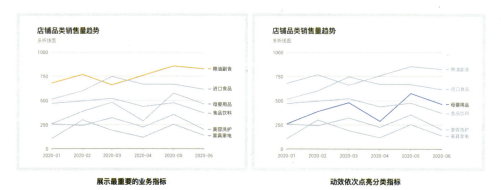

图 4-29

现成的图表组件未必是最符合我们的产品数据展示的,因此在开发时间允许的情况下,针对不同的数据结构,对图表组件进行适当的修改和优化,是一项非常有必要的工作。

2. 增加视觉元素

折线图展示的是一段时间内的数据趋势,一般折线上不展示数值,如果要查看时间节点上的数据,就需要将鼠标悬停在节点上,这时会出现展示数据的悬浮框,但当横轴时间过密时,也会不容易看出当前数据指向的是哪个时间节点。如图 4-30 所示。

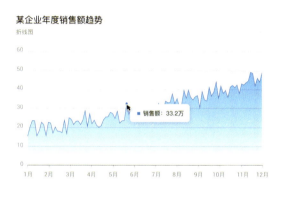

图 4-30

要想解决这一问题,首先应该在悬浮框内增加时间信息,表明此节点是哪个时间的数据。其次增加指示线,这样鼠标在节点上下的位置时,都可以展示此节点的数据信息,这在交互体验上更有操控感,如图 4-31 所示。这就像前面提到的费茨定律,因为增加了可操作区域的面积,所以交互上更舒适快捷。

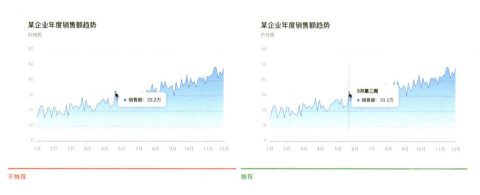

图 4-31

4.4.3 交互时突出重点

交互时突出重点是根据用户的交互行为，突出用户想看到的数据，下面用堆积柱状图举例说明。当堆积柱状图的堆积分类过多时，一般不是把数值直接呈现在柱形图上，而是需要鼠标悬停在柱形图上进行查看。当用户的鼠标移到某个柱形图上时，用户的目的是查看当前柱形图的数据，此时把其他柱形图进行弱化能减少视觉干扰，以便突出用户关注的数据，如图 4-32 所示，这样能为用户营造一种更为舒适的视觉体验。

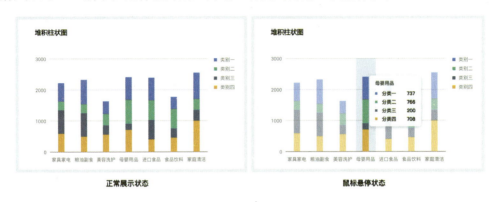

图 4-32

这种通过交互方式突出重点数据的设计，还适用于多色图表。如图 4-33 所示，当图表色彩过多时，容易形成视觉混淆。解决方法是当鼠标悬停时把干扰元素弱化，同时再把关注的元素适当放大。

图表的交互设计要善于追随用户的目的，为用户做选择，提高浏览效率。在满足用户基本需求的情况下，还需要深入思考如何为用户提供更好的服务，这样才能将产品的体验提升到更高的层次。

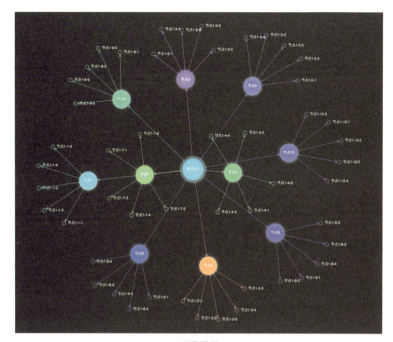

正常展示

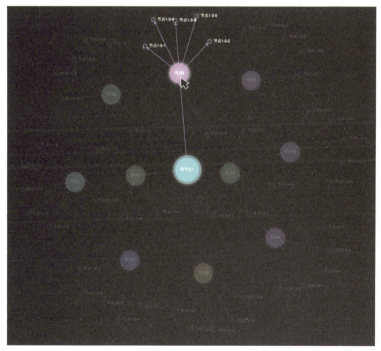

鼠标悬停查看某个节点

图 4-33

4.4.4 移动端图表交互

因为移动端界面相对较小，内容呈现有局限性，所以需要配合交互操作来满足图表全局的展示。移动端一般是触摸界面，需要配合手势化交互操作，如点击、上下左右滑动、长按、拖曳等，通过交互操作可以把复杂或较多的数据进行筛选和梳理呈现，提高在移动端呈现数据的易读性。

1. 滑动交互手势

当在 PC 端遇到较多分类的柱状图或折线图时，通常会用滑块缩略轴组件来实现更多数据的展示，但这在移动端的操作体验会很差，因此在移动端的交互上可以通过直接滑动图表实现更多数据展示。在查看方式上，由于移动端可以支持横屏展示，因此也可以呈现更多的数据，如图 4-34 所示。

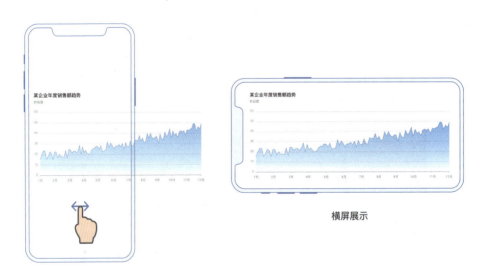

图 4-34

折线图可以展示较长时间的数据趋势，根据业务和用户的需求可以做不同时间段的交互切换展示，如近 1 周、近 1 个月、近 3 个月等。如图 4-35 所示，对黄金投资价格走势的折线图做了时间段上的筛选，这样不仅可以给用户提供更直观、更有价值的时间段信息，而且也提高了超长时间趋势数据查看的便捷性。

另外，当在移动端点击图表中的节点查看数据详情时，要将呈现数据的悬浮框设计在上面，这样在用手指点击时不会被遮挡。与此同时，当点击并按住某个节点查看数据时，按住并左右滑动可以切换到其他节点上对数据进行查看。

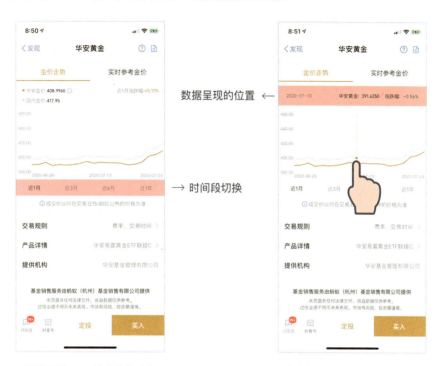

图 4-35

2. 缩放交互手势

缩放交互手势特别适用于对趋势数据结构的查看，趋势数据的浏览顺序通常是先整体后细节。当用户需要查看某个节点的数据时，可以通过缩放手势进行更具体的数据探索。如图 4-36 所示，股票图从整体到细节的数据就可以通过手势缩放查看。这种查看方式类似于 PC 端鼠标滚轮对图表的缩放查看。

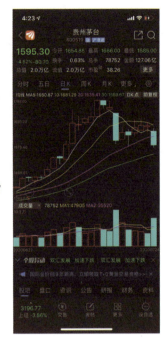

图 4-36

3. 信息分类——少即是多

前面我们分享了如何解决 PC 端折线图分类过多的呈现问题，但介绍的几种方案都不适用于移动端。由于屏幕尺寸的局限，在移动端更适合用排版和交互设计解决问题。

图 4-37 所示是灯塔 App 的多线折线图解决方案，图中的类别切换相当于 PC 端图表上的图例，不同的是这里的类别切换是展示当前选中的分类，也就是图表中只会显示一条折线。若有对比需求，图表中还提供了"添加对比项"的功能，可以选中其中一个分类作为当前分类的数据对比，而且可以任意组合对比。这种通过交互呈现和对比任意分类数据的方式，可以避免数据在一起呈现出现杂乱，失去可读性。

说到这里，有人可能会有疑问：图表中为什么不把类别切换换成选中方式，那样就可以直接做配置和对比了。笔者分析认为，这是因为每个分类独立呈现的需求较强，而分类之间的对比需求较弱，甚至很多分类之间根本不存在对比需求，所以最后设计成对比数据需要二次配置操作。从这一点可以看出，了解数据结构和数据之间的关系，对设计图表有非常重要的参考意义。

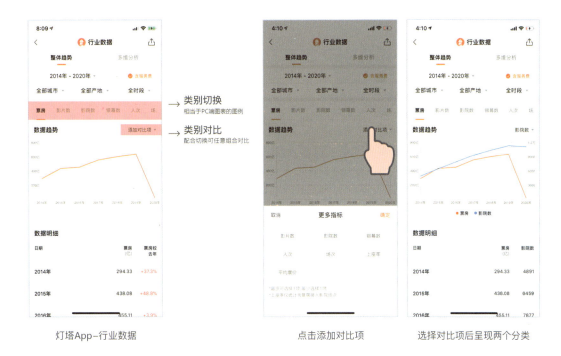

图 4-37

4. 打破规范

在 iOS 中,UI 设计规范建议手机端的字号不小于 20px,但其实在图表组件中可以打破这一常规。如图 4-38 所示,在新冠肺炎疫情期间设计的患者上报数据统计界面中,折线图的刻度值字号为 16px,虽然这看起来较小,但并不会影响观者对数据的阅读,反而可以节省界面空间,视觉上聚焦重要数据。

在图表中可以适当弱化辅助的轻量信息,这样在一定程度上可以避免不必要的视觉干扰。PC 端同样如此,不会受到浏览器最小 12px 字号的约束,设计师可以修改图表组件内容的字号。

疫情人员上报统计

图 4-38

4.4.5 声音交互

交互并不只是用户在产品操作上的互动，还可以是在视觉、听觉、味觉、触觉等上的信息传达。在产品中，除了操作上的人机交互，声音交互也是常见形式，特别是在游戏产品中，为了给用户全方位的产品体验，声音交互是必不可少的元素，比如《绝地求生》游戏中人物跑步、开枪的声音，甚至是死亡的声音等。

在可视化大屏产品中，声音交互适用于即时性强的预警大屏。当出现预警时，不只是视觉上的警示提醒，加入声音后能让工作人员第一时间在听觉上感知到预警，预警的声音效果可以想象一下科幻大片中飞船撞击损坏后的警告声。声音交互一定要用在适合的业务场景中，避免成为工作环境中的干扰。

4.5 产品思维

什么是产品思维？这其实是一个开放性的话题，因为每个人的经历不同，答案也会不尽相同。把"产品思维"拆解，其中产品是满足业务需求，解决用户问题的一个载体；思维是解决业务问题、用户需求的思维方式。因此，笔者理解的产品思维是，立足于产品，解决业务问题和用户需求的思维方式，是进一步把问题、需求的思考结果落实到产品中的一个过程。

产品思维不是产品经理的专利，交互设计师、UI 设计师都应该具备产品思维。拥有产品思维能让你更全面地思考问题，并带着问题去理解产品，进而通过设计解决产品的问题。产品思维是一个庞大的学科，本节我们主要从设计师的角度去理解。

4.5.1 产品感

产品感是对产品的需求、功能、体验准确判断的一种感觉。若要讲明白产品感，先得从用户体验五要素开始介绍。用户体验五要素分别是战略层、范围层、结构层、框架层和表现层，每个层级需要执行的任务各不相同，但又紧密联系。在执行过程中，产品会发生由抽象到具体的转变，图 4-39 所示是用户体验五要素的图解。

图 4-40 所示是一款垂直类新闻分发平台产品，类似于一个垂直类的今日头条，主要分享企事业单位的新闻，面向的用户群体也是体制内人员，这些介绍其实就是在概述此产品的战略层。

产品的范围层是根据战略层制定产品功能，比如为了满足用户在多场景中使用产品，制定了播报功能。在此产品中，播报功能本身没有问题，但在交互设计上并不合理，其不应该放在 Tab 切换作为专门的板块呈现。因为产品的驱动力是新闻内容，用户的需求也是新闻，播报只是辅助用户获取新闻的一个功能，所以应该在用户查看新闻时提供播报的功能，而不应该在产品中存在播报板块。

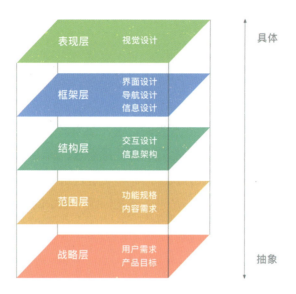

图 4-39

图 4-40

产品感就是设计师思考产品设计的一个过程,即从战略层往上推理,从抽象到具体落实，每个环节都要结合产品目标、用户需求去思考，并且要拥有专业的判断能力等。设计师要想锻炼自身的产品感，不仅要从用户体验五要素出发，多研究竞品、多体验各类产品、多思考产品与用户的关系，还要清晰产品的商业目的和决策者的想法等。

4.5.2 B 端产品设计原则

因为 C 端产品服务于个人群体，满足的是用户个人的需求；而 B 端产品服务于组织群体，用户具有组织属性，其需求来自组织和业务，而不是用户自身，所以两个用户群体有本质上的差异。C 端和 B 端的产品开发逻辑通常也不一样，C 端产品适合小步快跑，快速迭代；而 B 端产品讲究业务的全场景闭环服务，缺失了任一环节可能都会存在很多潜在的问题。下面我们根据 B 端产品的特征，对产品的设计原则做详细总结。

1. 稳定性

B 端产品设计从 0 到 1 最重要的是什么，用户体验？美观的界面？其实都不是。它应该是当功能上能够满足最小业务全场景闭环时让产品快速问世，毕竟有产品才会产生价值，这也是决策者所希望看到的。当功能上能够满足最小业务全场景闭环时，就可以进入设计开发，这是因为简单的功能出现的 Bug 通常也会较少，这有利于产品的稳定性。稳定性是产品开发完成后最重要的一个方面，可以说此阶段的产品稳定性大于一切。

在这个过程中，交互设计师要配合技术人员，设计出最简单的交互方式，把细节上的交互体验先放一放，这个阶段不要太强调自身的工作价值，但其实有全局思维的你，在此阶段已经做了最有价值的设计。同样如此，在产品进入开发后，UI 设计师没必要跟开发人员纠结一两像素的事，大问题提醒改正，小问题在产品上线后再做调整。

2. 高效性

高效性是 B 端产品设计必须要重视的一个方面，是指用户长时间使用产品的效率。由于 B 端产品通常是用来解决业务需求的，因此一般非常重视工作效率。如果产品的功能和交互设计的不合理，就会直接导致产品使用者的工作效率降低，甚至最终影响企业的业绩。

举个例子，笔者曾经改版过一个巡查采集信息的产品，为了保证采集信息的真实性，后台需要专人对信息做审核。对于庞大的数据，如果审核功能设计得不合理，就会变得费时又费力，而旧版的设计就是如此。页面设计把采集的信息用列表呈现，审核人员需要点击列表中的"审核"按钮进入详情页后才可以进行审核，审核下一条则需要重复前面的操作，这在交互上是标准的往复式操作逻辑，如图 4-41 所示。

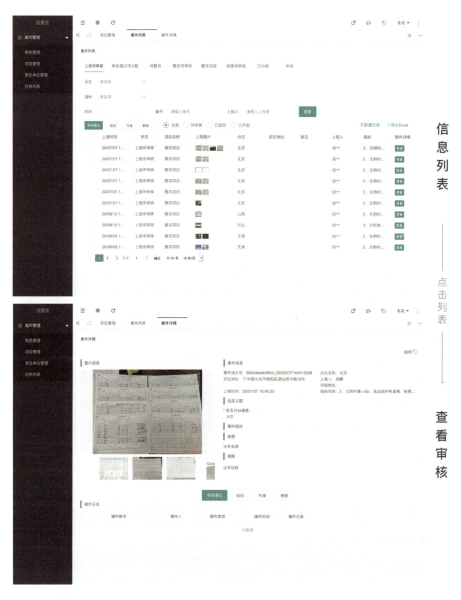

图 4-41

为了解决审核效率的问题，笔者改版了审核的交互设计，最核心的改变就是"一键审核"，如图 4-42 所示。同样是列表呈现，这里增加了审核模式。当审核人员点击进入审核模式后，内容全屏展示。当点击"审核通过"时，立刻切换下一条信息，这样就实现了连续审核。

图 4-42

在此案例中，为了助力审核效率，在 UI 设计上把需要审核的主要信息全部固定并呈现在第一屏。有些信息过多的板块需要滚动查看，但也尽可能保证了在信息不多时能够一屏呈现出来，这样审核人员在不用移动鼠标的情况下，只需要点击即可完成对每一条信息的快速审核。同时，审核按钮较大的设计，也是为了满足审核人员能够准确点击。另外，按钮旁边还增加了对待审核量的统计，这能给用户一种目标感。因此，此次改版从交互到 UI 设计都提高了审核功能的效率。

3. 易用性

易用性是指用户使用产品时能够快速上手，包括易理解、易操作、吸引性强等。在产品迭代过程中，易用性是需要设计师着重思考并优化的一个方面。

用户一般是通过产品的易用性来衡量产品的。举个例子，笔者曾经所在的一家公司，其财务报销系统使用效率极其低下，出差人员报销差旅费一般都需要花掉半天到一天的时间，因为产品操作难度大、线上线下结合得不够好。例如，报销功能入口在二级页面中不容易找到，当信息提交后没有任何引导，不知道下一步该做什么，每次都需要问有经验的老员工，然后老员工也是一顿操作加回忆，最后跟你说"好像应该打印单据找领导签字了"。

最不合理的是，在打印资料让各级领导签字之后，再给到财务。当财务发现单据有问题时，报销人员简直就要崩溃了，因为需要重新打印单据找领导签字走流程，这种事时常发生。不仅如此，报销的表单设计把各种分类集中在一起，使用者很难辨别应该填哪个，很多时候填了半天才发现把报销填在借款处了。这一系列不友好的体验，最终导致员工都不愿意出差，不想面对烦琐的报销。

做好产品的易用性要遵循一些原则，首先是保持产品设计的一致性，让用户有熟悉感，不要让用户迷失在产品中。当用户有疑惑时，及时提醒，这点需要做可用性测试。其次是把产品首页设计好，因为用户通常爱在首页找东西，而不是在二级页面或者更深的页码。

另外，B 端产品有的服务于企业员工，有的服务于项目，比如 OA 系统服务的就是企业员工，那么这类产品就要有协同工作的功能。在设计这类产品时，设计师需要了解组织架构，善于从多个视角去看待问题，避免出现因为产品设计而导致某个角色的工作量增加的情况。对于服务项目对外有商业属性的产品，要做好个性化配置功能，因为客户总是有个性化的需求，但也要遵循产品的原则，如外卖的商家希望有删差评的功能，但其实这样的功能是不可以有的，其会违背产品的商业逻辑，因为如果商家可以删差评，那么服务意识就会很难上去。

4. 美观

美观是 B 端产品最后应该考虑的一个层面，但也是应该非常重视的层面，这句话并不矛盾，因为产品的用户体验设计，视觉上的美观能发挥巨大的作用。B 端的 UI 设计首先要干净整洁，因为 B 端产品通常都是为了工作，经常长时间沉浸式使用，所以尽量少用过于刺激性的颜色。在设计产品时，应该从用户使用产品的效率性和便捷性出发，不能让视觉效果喧宾夺主，这也是 B 端产品惯用冷静和理性的蓝色的原因。

产品的 UI 设计要善于利用组件库，比如选择器、折叠面板、上传、表格、表单等组件，这样既可以遵循用户常用的操作及方式，同时组件的使用也有利于和技术人员高效协作。

产品设计原则没有标准，对于不同行业、不同公司、不同决策者都有很大的差异。没有最好的设计原则，只有最适合产品的原则。

4.5.3　G 端产品设计原则

G 端产品即 to G（to Government），面向政府的产品，属于 B 端产品的一个分支。区别是 G 端产品本身不以营利为目的，用户主要是机构的公职人员，其产品需求一般来源于政策导向下的业务，或者解决机构的某种问题，再或者拥抱互联网提高业务效率等。G 端产品的需求一般由用户主导，产品设计者需要理解与分析他们的需求并充分了解业务。

G 端产品一般会涉及三种角色的用户，即决策人员、管理人员、业务人员，角色需求重视的优先级一般是从高级别递减，上级领导通常掌握全部的需求决策权，如图 4-43 所示。在对接需求时，我们要了解不同角色的诉求，如对接决策者要从可靠性、风险把控、体现政绩出发；对接管理人员要从提升效率、优化业务流程出发；对接业务人员要从减少工作量和更好的体验出发。只有了解不同角色的心理诉求，才能更容易正确地站在对方的角度思考问题。

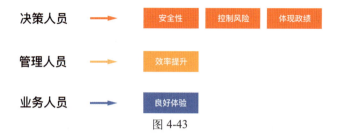

图 4-43

G 端产品的设计原则如下：

（1）G 端产品设计稿需要与用户确认。如果是可视化大屏，最好能有动态展示的 Demo，这样会更有说服力。

（2）在设计风格上要结合用户的喜好，最好能添加一些体现单位或地方特色的元素。

（3）G 端产品设计一般要避免简约风格，不要出现大面积留白，页面尽可能充实饱满。

（4）页面设计要符合政府的基调，比如庄严、大气、对称，避免使用花哨的色彩。

（5）页面中若需要出现国徽、国旗、地图等，要从正规渠道获取，不可以随意修改。

（6）产品的交互设计要尽量简单，有引导性，在重要的业务功能上要做好防错机制。

05

动效设计

如今，动效设计已经是 UI 设计师的必备技能，合理的动效可以营造视觉焦点、引导用户操作、增强产品认知、提高产品易用性等。可视化大屏动效更是表现炫酷的重要手段之一，其不仅可以渲染大屏产品的科技感，还可以增强数据表现的灵动感，是一个不可或缺的视觉表现手法。本章我们主要针对可视化大屏动效设计，从动效设计价值、动效设计分类、动效设计原则、案例设计实战、动效设计落地五个方面来分享。

5.1 动效设计价值

说起动效设计的价值，先得从构成界面设计的三大元素说起，即形状、色彩、动态。其中动态元素最能吸引用户视线，传递信息的能力也最强，接着是色彩和形状，如图 5-1 所示。从这一点看，在产品的视觉设计和交互设计中，动效设计发挥着非常重要的作用。

图 5-1

动效设计的价值主要就是提升产品的视觉和交互体验。在视觉体验上，动效可以渲染产品氛围、表达主题、增强页面设计感、抓住用户眼球、减少用户焦虑、带给用户惊喜感等。在交互体验上，动效可以提升产品的易用性，如高效反馈、视觉引导、信息层级展现、增强操纵感、创新体验等。动效提升产品的易用性有三点较为重要，即视觉反馈、功能改变、空间扩展。

1. 视觉反馈

在人与产品的交互过程中，视觉反馈极其重要，其可以让用户觉得一切都尽在掌握中。动效设计可以帮助用户理解当前反馈的状态，强化交互过程或结果，起到视觉引导的作用。

动效设计还可以帮助用户理解界面之间的层级关系，告诉用户信息从哪里来、到哪里去，从而减轻认知负担，提升用户体验。

2. 功能改变

当用户操作某项功能后，动效可以帮助用户理解功能上的改变，同时元素变化的展示会充分体现在用户交互过程中。比如，聚合按钮的动效，点击后弹出各类功能入口，这时聚合按钮也同步变成关闭按钮。与这样的交互动效类似的，还有开关按钮的设计、汉堡按钮变关闭按钮的设计，以及列表流变瀑布流切换按钮的设计等。

3. 空间扩展

界面中的空间扩展可以通过动效设计来实现。举三个例子：一、在列表页，当点击列表查看详情时，不是弹出弹窗也不是跳转页面，而是在列表下方延伸出详情信息的展示空间。二、在界面中，当展示的文本过多时，在有限的空间内以滚动的方式展示出所有文本，这种方式也等同于对空间进行了扩展。三、在文本框内输入文字时，随着输入文字的增加，文本框也会自动扩展空间。

5.2 动效设计分类

产品的动效主要可以分为两大类，即视觉动效和交互动效。视觉动效主要起到展示的作用，可以渲染氛围、突出主题。交互动效适用于交互转场、反馈、引导等场景，可以提升产品的易用性。两者都是提升产品用户体验的重要表现方式。

5.2.1 视觉动效

视觉动效，即视觉元素的动态展示，常用来渲染产品的氛围和主题，并且能够有效抓住观者的眼球，营造炫酷效果，这也是可视化大屏偏爱动态展示的原因。视觉动效总体分为两类，即展示类和引导类。顾名思义，展示类动效主要具有展示作用，一般会一直呈现在界面中。引导类动效更多的是对用户的一种提醒和引导。

1. 展示类动效

在设计展示类动效时，设计师需要思考动态元素与场景的关系，不能为了做动效而做动效，反而忽略数据信息的表达。比如，笔者曾见过一个数据大屏，其内容分为若干个模块，每个模块的装饰框都在一直闪动，这就导致在视觉上无法聚焦模块中的数据信息。好的展示动效应该是合理地渲染气氛，有效地表达主题，锦上添花，而不是仅仅为了抓眼球，生搬硬套。

图 5-2 所示是一个医学类产品的界面设计，其中心脏的 3D 图形展示有心跳的视觉动效，形象的展示效果能让人快速感知到模块的功能，同时在视觉上也增强了产品的表现力，是一个动效合理的案例。

展示类动效最主流的软件是 AE 和 C4D，将两款软件结合使用能表现出更好的设计效果，同时它们也是 3D 动效设计的黄金搭档。视觉动效落地非常简单，动效本身不用技术人员实现，设计师只需要输出清晰的动图、程序文件等即可。后面我们会详细讲解动效的落地方案。

2. 引导类动效

引导类动效是提醒和引导用户进行产品操作的媒介，一般以两种形式出现：一种是静态转变为动态，另一种是从无到有。比如，即时性的预警信息提醒，如图 5-3 所示，预警时出现弹窗并以动态形式传递信息。这类动效可以设计得很复杂、夸张，一直播放呈现，甚至也可以有非常抢眼的视觉元素，其目的就是为了提醒和聚焦用户视线。

引导类动效还常常出现在加载页面上，通过动效来告诉用户页面正在加载中，同时还可以减少用户等待的不适感。

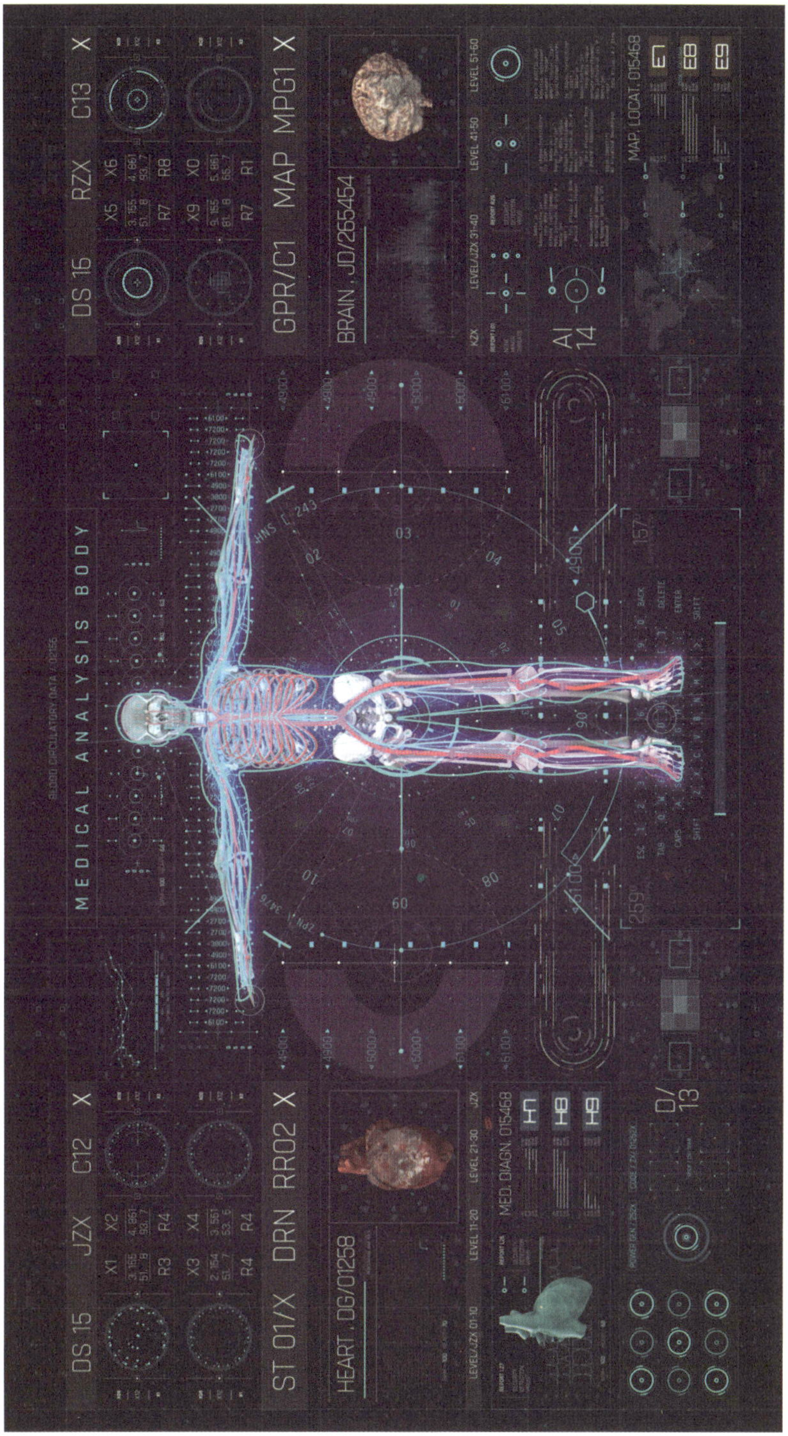

图 5-2

扫码查看动态效果

图 5-3

5.2.2 交互动效

交互动效是行为触发性动效,是随着操作行为而产生的,其可以有效提升产品的易用性。在产品中,默认的交互方式一般都没有任何效果,通常是直接跳转或没有任何作用的变化,这在 Web 端尤其常见。若设计师不做交互动效设计,前端工程师往往习惯使用默认效果,而有些默认效果会让用户在视觉上面对突发的交互改变时不易察觉,很难跟得上,从而导致视觉上的变化盲视。

因为人天生容易被移动的物体所吸引,因此动效设计可以抓住用户眼球。在交互界面中,要将出现的元素通过合理的动效告知用户它们从哪里来、到哪里去,从而帮助用户在界面中建立视觉关系,给予用户引导性和操纵感。交互动效主要分为两类,即转场类和反馈类,两者的设计目标都是提高产品的易用性,但解决的问题却不一样。

1. 转场类动效

转场类动效适用于产品层级和场景的切换,可以帮助用户理解界面之间的逻辑关系和层级变化,如场景切换时能避免用户出现视觉盲区的情况。如图 5-4 所示,Mac 电脑最小化窗口的动效设计能告诉操作者页面的去向。转场类动效通常以缩放、透明度、旋转等方式呈现，落地方式一般需要技术开发实现。设计师需要出设计方案，在时间允许的情况下最好做成 Demo，这有助于开发人员理解。

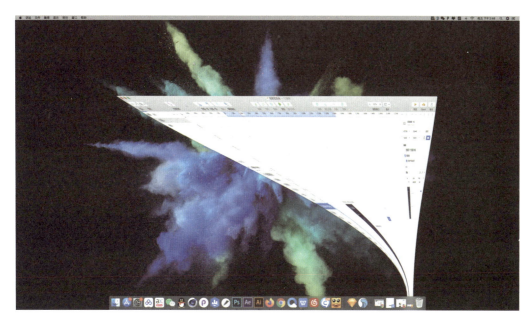

图 5-4

2. 反馈类动效

反馈类动效是当用户有操作行为后，以动效的形式给予用户反馈，并告诉用户交互后呈现的结果。合适的反馈类动效能增强用户的操控感和带入感，便于用户理解，提升产品体验。

交互动效还可以通过变化元素属性来实现与组件的切换，如图 5-5 所示，点击搜索图标通过动效的方式转换为搜索框组件。流畅的动效能够增强用户与界面的互动感，同时由于用户的视觉焦点未被打断，因此在感官上还能起到视觉引导的作用。

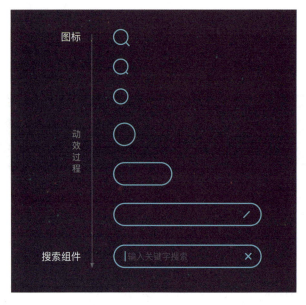

图 5-5

5.3 动效设计原则

对于很多刚开始接触动效设计的设计师来说,他们的动效节奏习惯跟着感觉走,这样没有依据的设计可能会导致动效的设计效果比较生硬或缓慢,甚至不符合产品调性,使用户体验适得其反。

动效设计需要依照真实世界的运动规律,需要符合物理运动法则。在生活中,在人的感知中任何物体都有质量,运动物体的表现形态有加速、减速、反弹等规律。动效设计应该遵循这样的规律,只有这样才能符合人对动态物体的感知,才会让人感到舒适,因此动效设计师非常有必要学习客观且重要的设计原则。

5.3.1 动效物理运动法则

物理运动是客观世界中存在的一种运动规律,而现实世界中存在的空气阻力、摩擦力等外力因素会影响物体运动的加速或减速。动效设计只有遵循现实世界中的运动规律，才能给用户带来一种视觉真实且可信度高的感受。

在动效设计中，物体的缓动效果可以增强动效体验的自然感，最常用的就是缓入和缓出两种形式。缓入是加速曲线，先慢后快，曲线成往下凹状；缓出是减速曲线，先快后慢，曲线成抛物线状，如图 5-6 所示。

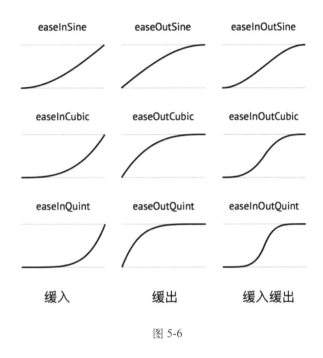

图 5-6

缓入和缓出对用户的注意力有不同的影响。缓入曲线呈现不断加速的状态，速度越来越快，视觉上会失去注意力；缓出曲线呈现不断减速的状态，速度越来越慢，视觉上会吸引注意力。因此，入场动效先快后慢，出场动效先慢后快，二者结合可以持续吸引用户的注意力。

根据 Material Design（注：谷歌设计语言）的动效设计建议，最好不要使用缓入缓出均等对称的方式，因为用户更关注运动的结果。缓入减速时长最好不要超过缓出加速时长，这样用户能够清楚地观察物体运动的最终结果。比如，抽屉式导航，入场缓入动画时间应该比出场缓出动画时间长，这样入场可以吸引用户的注意力，用户能清楚地看到内容，而出场时间短并且快速响应与用户心理预期符合。另外，缓入缓出的速度都要符合用户的心理预期，太快或太慢都容易分散用户注意力。

5.3.2 动效持续时长解析

任何交互动效的持续时间都要控制在 1 秒以内，而最佳持续时长是 200～500 毫秒，这个数据是基于人脑信息消化速度和人脑的认知得出的。对于低于 100 毫秒的动效，人眼很难识别。

影响动效时长的因素有设备特征、动态元素大小、功能设定等。根据 Material Design 的动效设计建议，手机端的动效时长应该为 200～300 毫秒；平板电脑的应该为 400～450 毫秒；穿戴设备的应该为 150～200 毫秒，这是因为屏幕的尺寸越大，元素移动的跨度距离也就越长，所以持续时间也就越长，如图 5-7 所示。当然，不完全是屏幕越大动效时间越长，这还与设备特征有关。例如，网页动效的速度应该比手机端的快，网页动效最佳持续时间应该为 150～200 毫秒，这是因为大家在使用浏览器时，如果网页太慢，就会给用户卡顿的感觉。当然，说的这些都是非视觉动效，而视觉动效是用来渲染气氛、吸引用户注意力的，故动效时间可以随产品调性去定义。

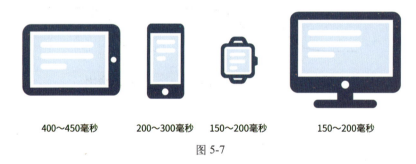

图 5-7

动效响应的最佳时间应该控制在 100 毫秒以内。响应时长指的是从用户交互操作到反馈出现的间隔时间。对于加载的时长反馈，如果达到 2 秒，而页面内没有任何反馈，用户就会开始产生焦虑，因此加载反馈时间在 2～9 秒时应该加载动画。当加载时间更长时，有必要考虑使用进度条指示。

5.3.3 动效渲染产品调性

在空气中，如果让不同重量的铁球和塑料球在同等高度做自由落体，结果会发现它们的落地加速度和落地后的反弹幅度不同，这些特征能让人感受到两个球不同的重量感。在产品中,动效设计的重量感可以渲染产品的调性,比如针对机械感的产品设计风格,动效设计就需要运动轨迹干净利落,有重量感;而在风格活泼的产品设计中,运动轨迹轻盈有弹性会更符合用户对产品的预期。

如今,产品的种类众多,不同种类的产品都有对应的用户群体。这就要求动效设计需要针对产品和用户群体的特征去设计,只有这样动效才会符合产品的调性,才能给用户好的心理感受。

如图5-8所示,轨迹A最后的落点具有一定的弹性效果,轨迹B最后的落点没有弹性效果,即使两者是一样的缓出曲线,但有无弹性会给人不同的感受。轨迹B动效适合大多数产品,运动轨迹让人感觉干净利落且有效率感;轨迹A动效因为表现的效果弹性活泼,所以不适合用在安全类、金融类产品中,否则会给用户带来不安全感和效率低的感觉,而较为适用于娱乐类、儿童类产品中。

图 5-8

5.3.4 简单动效与复杂动效

扫码查看动态效果

简单动效与复杂动效的区别可以这样理解,简单动效就像孙悟空变身,瞬间变化且时间较短;复杂动效就像美少女变身,有各种特写变化展示且时间较长。从用户的满意度上来看,复杂动效在使用初期能给用户带来新鲜感,有很大的吸引力,用户愿意使用、等待、了解,但随着时间的推移,用户的满意度会呈现下降趋势,甚至产生反感。而对于简单动效,用户可能开始无感觉,但随着时间的推移,因为简单动效的易用性高且高效,所以用户的满意度会越来越高,如图5-9所示。

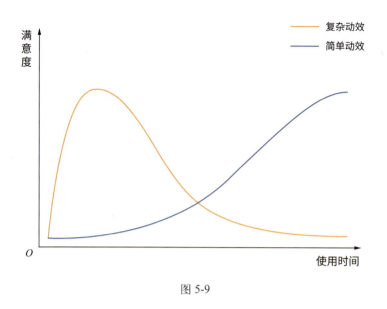

图 5-9

简单动效和复杂动效的使用场景要根据两者的功能性来定义,比如复杂动效一般不在做任务的环节中出现,否则会降低产品的使用效率,而较长时间的加载、存储、下载等待都适合用简单动效。复杂动效常常出现在产品的改版迭代介绍页中,如微信 7.0 的视觉动效、美团改版袋鼠图标时的视觉动效,这样的动效往往能让人眼前一亮,给用户想继续探索产品的感觉,并且能够加深用户对品牌和产品的记忆。复杂动效只适合出现一次,若每次都出现,用户很快会产生反感。

5.3.5 大屏动效的表现与克制

动效是大屏设计的核心需求之一,合理的动效设计能助力数据表现,营造炫酷效果和科技感,同时还能提升产品的易用性。但动效设计不是越多越好,而是重在合理有效,过度的动效设计会让大屏看起来眼花缭乱,如大面积的动态效果、喧宾夺主的动态元素,都会影响数据的表现。对于实时数据传输的大屏展示,由于数据本身就是动态元素,因此动效设计要围绕动态数据来设计,如 5 分钟刷新一次数据,这时就可以用动态元素配合数据一起变化。

对于功能型大屏动效,要以业务为中心,所有动效都要围绕业务的功能进行设计,通过动效助力产品功能的体验。在正常情况下,功能型大屏不建议有太多强烈的动态效果,一切要以业务功能、数据信息展示为中心。功能型大屏的视觉动效不能太过抢眼，应简洁适度，而交互动效能有效引导用户完成任务即可。

可视化大屏整体动效的表现需要有主次。动效主次说的是在一个大屏中不推荐有两个或两个以上的主视觉动效，否则就会像视觉设计中出现两个主体一样，观者不知道往哪里看，会产生拉扯感。

另外，动效展示需要有故事性，意思是可以通过动效变化体现出数据的结构。例如，对于实时数据传输的大屏展示，在数据动态变化时，最好先有各个小模块的数据变化，然后再有总数据的改变，这样就形成了数据结构的变化节奏。类似于这样的动效展示可以用光线、粒子设计出一种数据传输的效果，给观者一种数据流转变化的感觉。

5.4 动效设计实战

从本节开始进行实战练习，主要讲解设计过程中的思考，因为只有理解了设计思路才会有好的学习效果。动效设计的学习和提升需要从三个方面做起：一是熟练运用设计工具，这是设计师最基本的能力；二是设计思考，任何设计都应该是思考过的产物；三是创新能力，创新能力来源于前两者的经验积累。

5.4.1 动效图标设计

图标动效是产品中最常见的表现形式，也是学习动效设计最容易上手的内容。接下来，我们设计一个定位图标动效，首先在 Ai 软件中把图标设计好（软件可以根据自己的习惯来选），然后保存 Ai 文件。这里需要注意的是，在 Ai 软件中要把每个图层单独分开，如图 5-10 所示，这样导入动效设计软件 AE（图 5-11）中的每个元素就是单独的图层，便于在 AE 中进行动效设计。

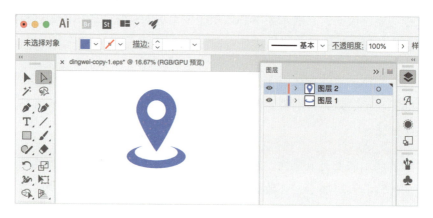

图 5-10

图 5-11

图 5-12 所示是在 AE 中做好动画序列帧。这里面有几个设计要点：倒数第三帧图形最大，说明动画有弹性效果，其可以手动打关键帧，也可以使用 AE 表达式。在使用表达式时，在打好缩放关键帧后，按住 Alt 键的同时点击码表，如果当前属性变为红色则说明表达式被激活，点击表达式文本框即可编辑，以下是弹性效果表达式。

图 5-12

amp = .1;

freq = 2.0;

decay = 2.0;

n = 0;

if (numKeys > 0){

n = nearestKey(time).index;

if (key(n).time > time){n--;}

}

if (n == 0){ t = 0;}

else{t = time - key(n).time;}

if (n > 0){

v = velocityAtTime(key(n).time - thisComp.frameDuration/10);

value + v*amp*Math.sin(freq*t*2*Math.PI)/Math.exp(decay*t);

}

else{value}

这里只需要记住表达式前面的三个参数即可。其中 amp (振幅) 数值越大元素振幅就越大，简单地说就是元素被拉得越长；freq（频率）的数值可调节元素弹性的运动频率；decay（衰减）的数值可调节弹性效果的刚柔性，三者配合可以调节出各种效果。

另外，由于图标带有透视效果，故视觉上定位点与底座在空间上应该是居中状态，因此在动效设计时，两个元素应该以定位点为中心做缩放动效，这样的动效效果符合图标的透视关系，如图 5-13 所示。

对于元素从无到有的动效，很多人认为就应该从 0 开始，无论缩放还是透明度。其实不然，同样以定位图标动效为例，两个元素都是从无到有，但从序列帧中可以看出用到了缩放与透明度。假设两者都从 0 开始，那么缩放动效幅度就会过大，其效果并不好。较为舒适的效果应该是透明度从 0 开始，缩放从 40% 左右开始，这样的效果自然平稳，没有闪现的感觉，这一方法适用于大多数的动效设计。

图 5-13

5.4.2　3D 模型动效设计

在可视化大屏中，有时候需要用到较为真实的形象，如有明显特征的 3D 模型来体现大屏的主题。如图 5-14 所示，图中用到一个具有真实感的人物模型来突出主题，周围的数据是对人物心理健康数据的分析，动效效果为 3D 人物模型转动展示，这给人带来一种真实的视觉效果。

大多数 UI 设计师不擅长建模，尤其是难度系数极高的模型。那么，在需要使用模型时，为了提高效率，可以从模型网站下载或购买。人物模型动效一般有两种形式：一种是简单的模型旋转动画；另一种是绑定骨骼实现身体上的动画展示，如走路、跑步等。

图 5-14

模型的旋转动画可以用 3D 软件来设计,常用的有很多,可以自行选择,UI 设计师一般对 C4D 比较熟悉。在使用 C4D 软件时,如果下载的是 OBJ 格式加贴图模型,则导入过程中首先需要重新贴图,场景灯光使用默认值即可,如图 5-15 所示,接着打关键帧使人物模型旋转一圈,最后导出动画序列帧。关于如何落地,后面会详细讲解。

扫码查看动态效果

走路动画以 C4D 软件操作为例,需要在软件中对人物模型绑定骨骼,使之与真实的人体关节结构一致,这样就可以做人物的各种动作了,如图 5-16 中的走路动画,具体操作这里就不详细介绍了。

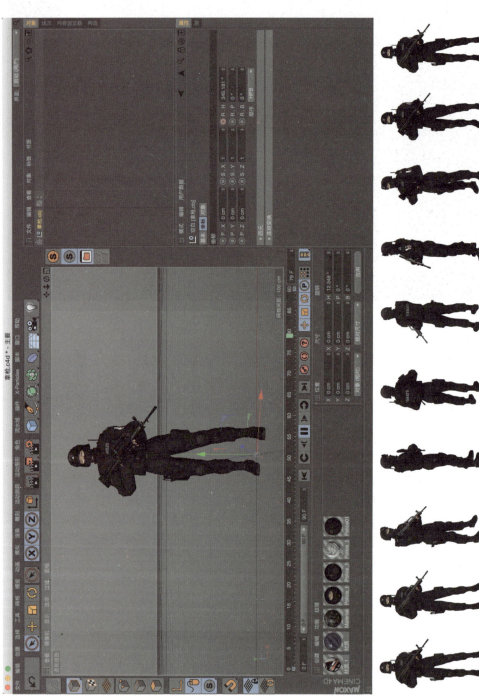

图 5-15

图 5-16

5.4.3 3D 粒子动效设计

3D 粒子动效是一种具有科技感、未来感的 3D 动效,在可视化大屏设计中常用来营造科技感的炫酷效果。图 5-17 所示为心理大数据健康分析监测大屏,业务上是通过问卷测评、行为数据采集、情绪数据采集、生理数据采集来分析相关人员的心理健康情况。其中运用了 3D 粒子人物形象做动画展示,通过这样的人物形象动画,能够充分表现出产品业务的主题是针对"人"的。

扫码查看动态效果

类似于这样的 3D 粒子动画的使用场景非常多,如生物医药类大屏常用到的 3D 粒子 DNA 图谱,新冠肺炎疫情数据统计大屏中使用冠状病毒的模型做粒子动画,各种智慧楼宇、智慧工厂、智慧城市等。下面我们就来分享 3D 粒子动画的制作方法。

1. 方法一

用到的软件为 C4D+AE。

首先准备好模型,自建或网上下载都可以。网上下载的模型最好是 C4D 格式或者通用 OBJ 格式的,其他格式需要用对应的软件进行转换。另外,C4D 在"内容浏览器"板块中自带了很多模型,可以直接使用,接下来我们以帅气的跑车为例讲解。

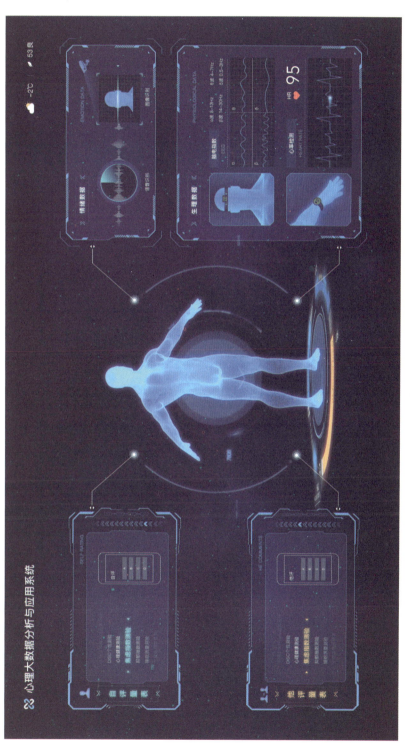

图 5-17

第一步：把模型导入 C4D 软件中，如图 5-18 所示。C4D 软件除了支持本身的格式，还支持 3D 通用格式，如 .obj 和 .fbx 格式。

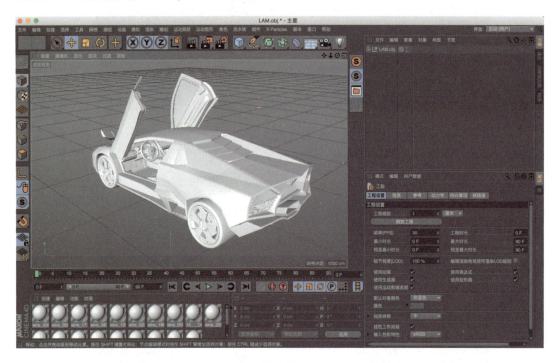

图 5-18

第二步：使用晶格功能把模型置入晶格下面，并调整晶格对象属性中的数值，使模型看起来是以线框的形式展示的，如图 5-19 所示，调整的半径尺寸需要呈现细丝状，太粗会略显笨重，没有粒子效果。

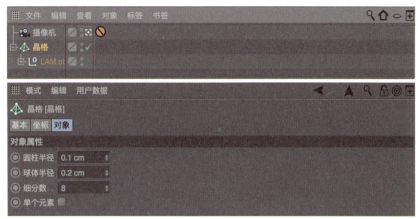

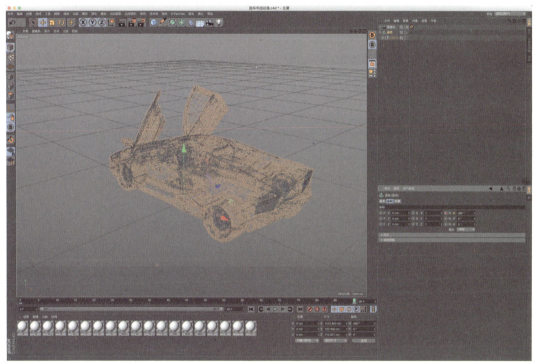

图 5-19

第三步：做旋转动画，打关键帧制作动画让跑车原地打转一圈，即 360°，如图 5-20 所示。需要注意坐标点位置的调整，如模型旋转一圈，坐标最好在模型的中心位置。

图 5-20

第四步:设置缓动曲线,3D 旋转动画匀速运动效果更好,因为匀速旋转让人有一种机械感,没有缓入缓出的感觉。因为 C4D 默认有缓入缓出,所以需要自行调整,如图 5-21 所示,右击指定的关键帧区域,找到"显示函数曲线",并在弹窗中点击"线性直角"图标即可。

图 5-21

图 5-21（续）

第五步：设置输出尺寸、帧频、帧范围三个参数。在不影响流畅度的情况下，帧频设置得可以稍小一些，这样后面落地的文件也就会相对较小，然后设置保存参数，选择"PNG"并勾选"Alpha 通道"，如图 5-22 所示。

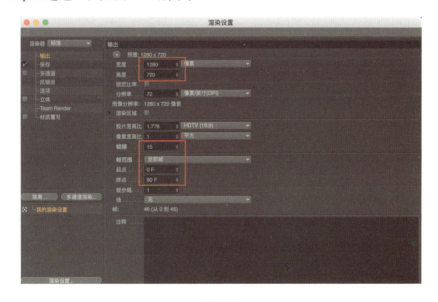

图 5-22

图 5-22（续）

第六步：序列帧渲染，如图 5-23 所示。

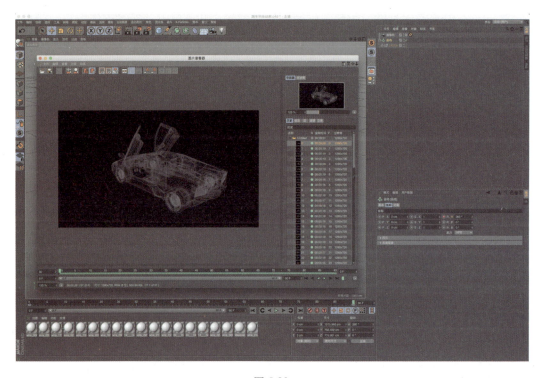

图 5-23

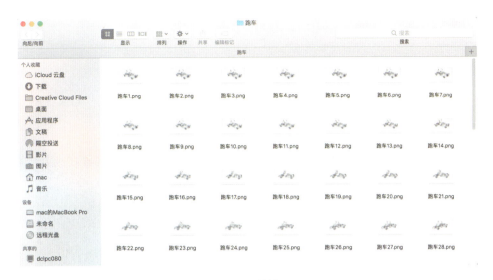

图 5-23（续）

第七步：把序列帧导入 AE 并设置颜色，如图 5-24 所示。接下来，再用另一种方法实现这种效果。

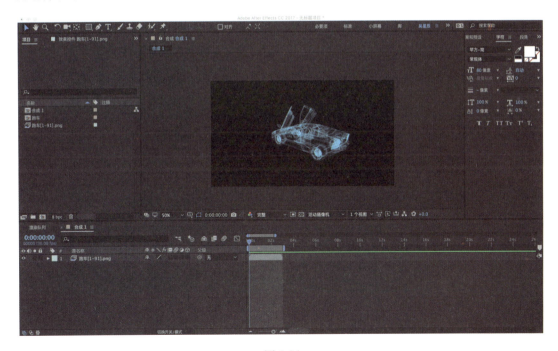

图 5-24

2. 方法二

用到的软件为 AE 粒子插件 Trapcode-Form 。

在 AE 软件中，进行"新建合成—新建纯色图层—找到 Form 拖给纯色图层，选择模型—开启 3D 图层—打旋转关键帧"操作，如图 5-25 所示。

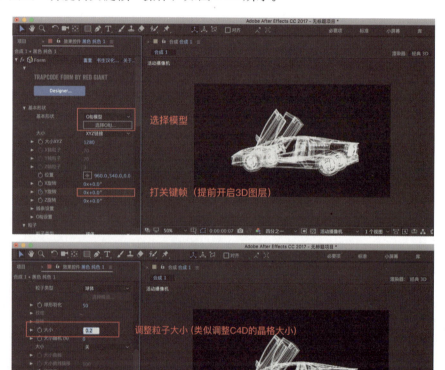

图 5-25

通过改变粒子的属性（顶点、边、面、体积），Form 可以呈现不同的样式，图 5-26 所示是切换为"顶点"后呈现的跑车样式。

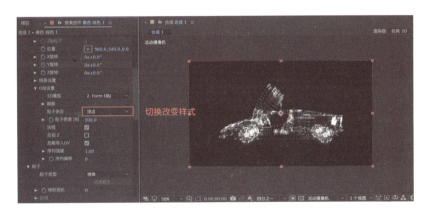

图 5-26

如果觉得这样旋转很单调，还可以找一些 HUD 或者自己设计并添加一些效果。如图 5-27 所示，其中添加了跟随主体旋转的元素，这要用到摄像机功能，具体操作较为简单，这里就不过多叙述了。

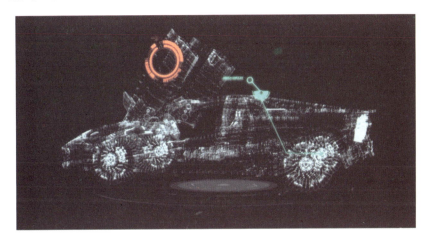

图 5-27

3. 两种方法的优缺点

虽然 C4D 导出序列帧方法的步骤较多，但其在模型的特殊要求上更为灵活，可随时调整模型，比如可以局部晶格化等。

在 AE 方法中，插件有不同的样式可挑选，步骤较为简单，但如果设备不给力，稍大的模型就会很消耗设备资源，导致卡顿。

5.4.4 动效营造科技感

科技感是具有相对性的一种感受，不同时代的人对科技感的认知也不一样。如今说到科技感，人们一般会想到科幻大片中的场景、智能机器人、外太空、人工智能、全息影像等。在设计具有科技感风格的动效时，设计师可以从这些具有科技感的事物中提取关键词，比如蓝色、粒子、光感、地球、3D 图形等，然后再结合产品属性进行筛选并定义设计。

在可视化大屏的设计中，视觉动效是营造科技感的最好方法之一。可以想象一下，科幻大片中出现的 FUI 几乎都是动态展示，为的就是营造科技感，这也是大屏设计偏爱 FUI 风格的原因。与其他终端产品不一样，可视化大屏很多时候更需要体现故事性和表演性。

图 5-28 所示是大屏产品的登录页面，其在需求上重点强调使用科技感风格。虽然它整体的设计符合科技感风格，但如果是静态展示，则不会给人太强的科技感，所以做了动态设计。左侧圆形每个层级的元素错落转动，同时从中心发出光线流向登录框，这样的动效呈现瞬间就会变得更有科技味道，看起来产品也会提升一个档次。

扫码查看动态效果

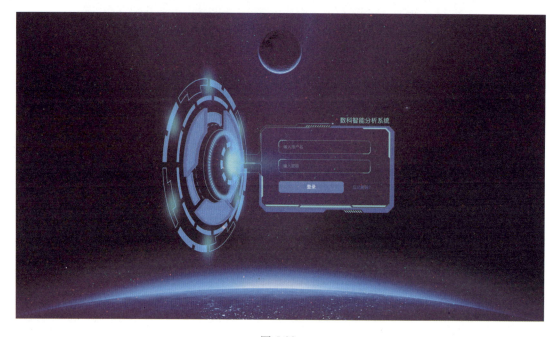

图 5-28

动效营造科技感同样也需要有理有据，在动效的表现上，也要结合产品的属性，考虑动效设计所表达的寓意，比如光线传输动效会给人一种数据在传输的感觉。

对于图 5-28 中的动效设计，新手设计师可能有两个难点：一个是光线传输的动效，其主要是为了实现左侧元素与登录框的结合。另一个是圆形 3D 模型中元素的设计，它是为了增强整体元素的力量感和真实感。若圆形元素都是扁平效果则看起来会较为单薄，与右侧登录框不能形成视觉上的平衡。

1. 光线传输教程

使用软件为 AE+ AE 插件 Video Copilot Saber。

在 AE 软件中，进行"新建合成—新建纯色图层，选中纯色图层选择效果—Video Copilot Sabar"操作，这时画面中会出现一条发光的线段，选择主体类型中的遮罩图层，即可自定义光线形状，其中既可以画矩形、圆形，也可以用钢笔自定义，如图 5-29 所示。然后通过调节参数更改颜色光线的粗细，最后打关键帧，即可完成光线传输动效。

2. 3D 圆形元素设计教程

第一步：在 Ai 软件中，首先把图形画出来，如图 5-30 所示，然后把每个图层单独放到一个组中（因为此案例我们只针对有厚度的 3D 元素讲解，所以 Ai 中的其他扁平元素不会出现在 AE 中）。

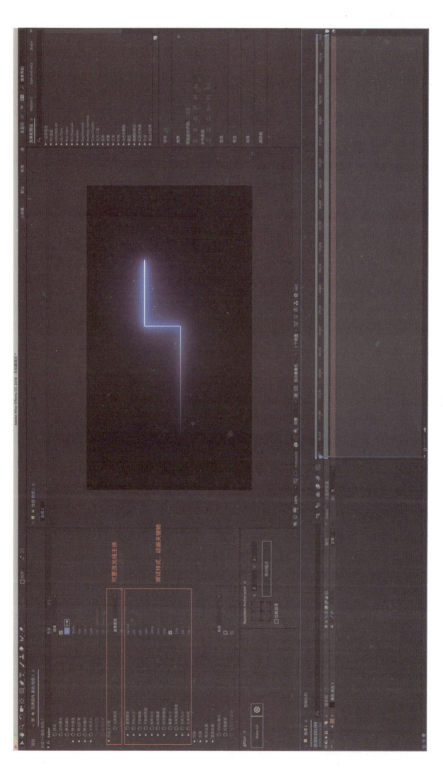

图 5-29

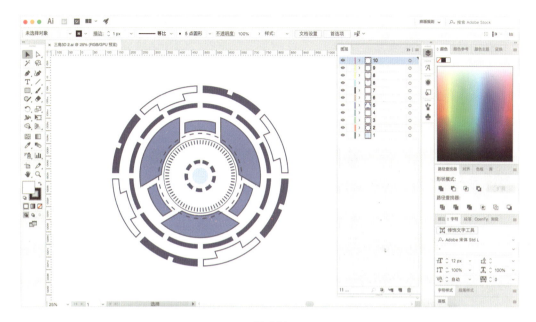

图 5-30

第二步：在 AE 软件中新建合成或直接导入 Ai 文件，选中所有图层右击选择"从矢量图层创建形状"，如图 5-31 所示，这时候画面中的图层变成了可编辑状态，中心处的圆形线条用来做外围元素的圆心坐标参考，以保证旋转中心的一致。

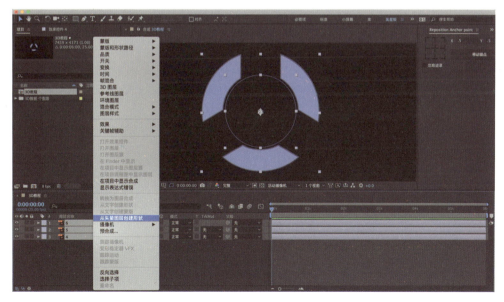

图 5-31

第三步：更改元素的颜色。首先把其他元素中心与圆形线条的坐标调为一致，然后更改渲染器，打开"合成设置"切换至"3D渲染器"选择"CINEMA 4D"点击"确定"，如图 5-32 所示。这一选择是激活 3D 图层的"几何选项"，激活后可以实现元素的拉伸，从而呈现立体模型效果。同时，在这个环节要做好转动动画，那么后面立体图形出来就能直接转动了。

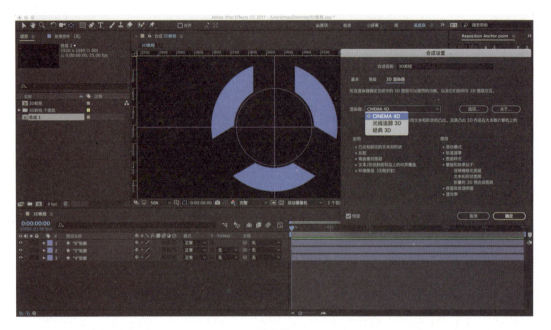

图 5-32

第四步：做好旋转动画后，打开 3D 标签，旋转 Y 坐标轴找到合适的角度，同时展开需要拉伸的图层，找到"几何选项"并调节"凸出深度"中的参数，如图 5-33 所示。这时候还需要一个顶部的亮面来凸显棱角，复制拉伸的元素，调亮颜色，向前移动使数值比拉伸数多一点点就可以了。

这种方法可以设计出很多立体的元素动画，如产品中常见的立体效果的 loading 动画、3D 图表、3D 图标等，相信你加以练习肯定能设计出更多、更好的作品。

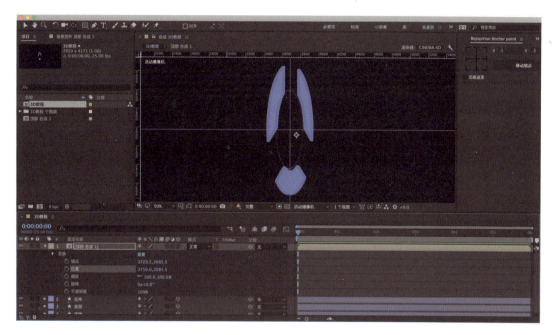

图 5-33

5.5 动效设计落地

再好的动效方案不能落地也只是纸上谈兵，本节讲解动效落地的常用方法，主要针对 Web 端、H5、可视化大屏进行讲解。从动效落地的角度看，动效形式可以分为三种：第一种是设计师做动效设计方案，然后由工程师来实现，这类动效一般为交互类动效，比如视觉引导、空间扩展等；第二种是交互过程中动效的表现，比如图标动效，即点击图标通过动效方式改变功能属性或反馈给用户当前状态；第三种是视觉动效，只是做视觉上的呈现，没有交互行为。

对于难度较大的后两种动效设计，动效工程师很难单独实现，这时候就需要设计师配合来落地，这样能大大减少工程师的工作量。设计师通过工具可以做出动图、视频、CSS 文件、JSON 文件等，这样的落地方案所见即所得。下面我们对各种动效落地方法做详细介绍。

5.5.1 三大动图格式

三大动图格式是指 GIF、WEBP 和 APNG，它们呈现的形式所见即所得，即预览的样子就是最终落地的样子。因为动图的尺寸越大、时间越长，动画的复杂度就越高，对系统性能的影响也就越大，所以一般内存占据较大的动图不适合用在产品中。在产品中，三大动图格式各有优劣势，比如 GIF 图的传播性和兼容性强于后两者，而后两者的成像效果和内存大小又优于 GIF 图。接下来对三种格式的动图进行详细介绍并分享如何输出。

1. GIF 格式

GIF 格式诞生于 1987 年，是一种有损文件格式，因为其最多只支持 8 位 256 色，所以在色彩和画质上都会有一定程度的损失，尤其在输出透明动画时，效果非常差，会出现严重的锯齿和白边，故对于透明的元素，需要谨慎使用 GIF 图。但 GIF 图一直未被淘汰说明其肯定有它独特的优势，比如 GIF 图的兼容性强，对于各种智能设备和 Web 浏览器都能完美兼容，另外其预览性最为实用便捷，因此具有很强的传播性。

输出 GIF 图有两种方式：第一种，转化格式，这种方式质量高且内存小；第二种，利用插件方式，方便快捷。

先说第一种，在设计好动画后，用 AE 导出序列帧或视频，再通过 PS 导出 GIF 格式即可，如图 5-34 所示。虽然 GIF 图可以以序列帧和视频两种方式导出，但序列帧更为推荐，因为导出的画质质量更高并且内存也相对较小。

图 5-34

另外，要想导出高质量的 GIF 图还有一种方式，就是设计动画时调高帧速率（每秒多少帧的设置），在能接受动图内存大小的情况下，尽可能调大即可，这样输出的动画更细腻柔和。另外，动图的质量有时也跟电脑配置有关，一般配置高的电脑导出 GIF 图的质量也会相对较高。

第二种方式是用 AE 插件 GifGun 导出，图 5-35 为插件工作界面，它最大的优势就是便捷，一键导出，另外内存相对较小，质量仅次于以序列帧方式导出的。在一般情况下，如果只是导出效果观看，用这种方式非常方便快捷。若要落实到产品上，最好用序列帧导出的方式，毕竟质量比便捷更值得追求。

图 5-35

大家也许会经常遇到，由于各种原因输出 GIF 图的内存比较大，这里为大家推荐一个不错的压缩软件 PPDuck，此软件能够很好地把图片内存压缩得更小，同时画质影响也较小，图 5-36 所示为软件界面。

图 5-36

2. APNG 格式

APNG 格式诞生于 2004 年,是基于 PNG 格式衍生出的一种动画格式,它的动图名字后缀依然是 .png。APNG 格式相对于 GIF 格式有更多的优势,首先,在色彩方面,它完美支持 1600 万种颜色,对于渐变透明的元素有着非常优秀的成像效果。如图 5-37 所示,APNG 图的品质大大超越 GIF 图,并且内存相对也更低。其次,其兼容性也不错,与 Web 端主流的浏览器,如 Firefox、Safari、Chrome 都能够兼容,同时通过代码在移动设备上也可以完美支持。对于有透明渐变元素的动画,推荐你使用 APNG 格式。另外需要强调的是,APNG 动画需要被拖曳到浏览器中才可以查看,这一点导致其传播性没有 GIF 强。

图 5-37

导出 APNG 格式的图有两种常用方式：第一种是通过 iSparta 软件导出，先用 AE 导出动画的序列帧，然后选中全部序列帧并拖曳到 iSparta 软件中，点击"开始"即可导出 APNG 图，图 5-38 所示为软件工作的界面。此软件还可以导出 GIF 格式和 WEBP 格式的图，但导出 GIF 图的质量目前还次于上文推荐的方式。

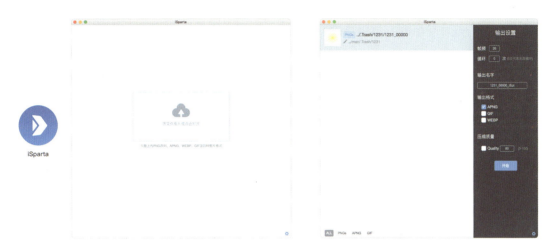

图 5-38

另外一种导出方式依旧是用 AE 插件，便捷高效，质量也较为优秀。两种方式导出的动图都可以用于产品中，图 5-39 所示为插件工作界面。插件除了可以导出 APNG 格式的动图，还可以导出 WEBP 格式的，插件的使用方法比较简单，这里就不再过多叙述了。

图 5-39

3. WEBP 格式

WEBP 格式是 Google 在 2010 年推出的，能替代众多的图片格式，包括有损 JPEG、无损 PNG 和动图 GIF，其最大的优势是在压缩率上全面超越三种常用格式，而且兼容安卓系统，iOS 系统目前需要技术上的处理。在 Web 端，WEBP 格式的兼容性相对 APNG 格式的要差一些，导出的方式跟 APNG 格式一样。

5.5.2 适用 Web 端的视频格式

目前，视频格式最常用且兼容性最好的是 MP4 格式，但如果在 Web 端使用视频，有两种网页格式的视频非常适用，即 OGG 格式和 WEBP 格式，如图 5-40 所示。两者在 Web 端运行有两大优势，即内存小和加载快，并且清晰度与 MP4 格式相当。两种视频格式预览的方式同 APNG 格式一样，需要被拖曳到网页中播放。

图 5-40

推荐两款输出 Web 视频格式的软件，即 Total Video Converter Lite 和 Any Video Converter Ultimate，其中前者比较适合用于输出 OGG 格式的视频，后者是专业的视频格式转换软件，用于输出内存更小的 WEBP 格式的视频。图 5-41 所示为两款软件的工作界面。

Total Video Converter Lite   Any Video Converter Ultimate

图 5-41

5.5.3 CSS 序列帧精灵图动画

我们都知道，动画是由一张张序列帧连续播放产生的效果。在 Web 端，序列帧动画的性能不是特别好，如 100 张序列帧，服务器就要请求 100 次，这样就很容易出现卡顿、丢帧的现象。其解决方案是，设计师先要把序列帧拼成一张大图，然后在大图的基础上识别帧动画，这样的图被称为精灵图，也叫雪碧图。

当动画非常复杂且较大时，手动拼成一张大图既费时又费力，这里介绍一款 AE 脚本 CSS Sprite Exporter，其能够一键导出精灵图与开发所需的代码。脚本的使用方法很简单，在 AE 中设计好动画，选择"文件—脚本—CSS Sprite Exporter"，即可出现图 5-42 所示的脚本工作界面，这里介绍两个重要的选项。

最大宽度：默认为 5000px，指的是当序列帧一行平铺到这个数值时，开始平铺下一行，5000px 即是导出大图的最大宽度。

Web 兼容性：它是针对较低版本浏览器兼容性的选项，当浏览器对默认导出的动画不兼容时，可以跟开发者沟通并对其中的选项做勾选测试。

设置好参数之后点击"生成"，随即会导出两个文件：一个是代码文件，另一个是序列帧拼接的大图。双击代码文件即可预览动画，如图 5-43 所示，如果预览没问题就可以一并交给开发人员落地了。

图 5-42

开发所需代码   精灵图/雪碧图

图 5-43

5.5.4 Lottie——.json 文件代码动画

Lottie 是 Airbnb 开源的一套跨平台解决方案，是近几年最主流的动画落地方式之一。在 AE 中的插件为 Bodymovin，导出的格式为 JSON。图 5-44 所示为插件截图，它的原理是将各种矢量图、位图及效果数据的集合打包生成一个 JSON 格式的文件，若有位图同时还会生成 images 文件夹。预览方式是回到插件选中 .json 文件，拖动插件滑动条即可，如果预览没有问题就把这两项交付给开发人员。

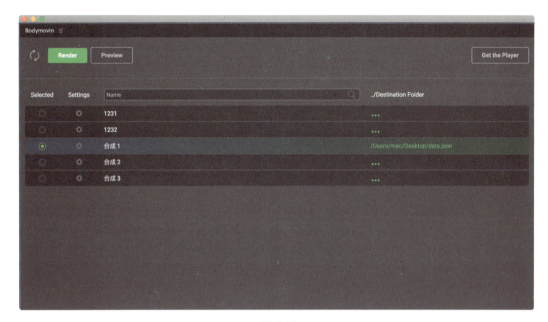

图 5-44

对于 Lottie 的使用，在设计动画时有几个要点需要强调：

第一点：.json 文件需要尽可能小，如在动画设计时能用父子级功能就不要在多个图层上打关键帧，因为每个关键帧都是一个数据点，会占用更多的空间。

第二点：Lottie 暂不支持 AE 中的任何表达式和效果，如不支持阴影、颜色叠加等效果。

第三点：虽然 Lottie 支持 alpha 的遮罩效果，但大面积的遮罩非常影响性能，因此尽可能使用小面积的遮罩或者不用。

第四点：因为 Lottie 导出的图片有损失，会出现阴影，所以需要手动将导出的图片替换成清晰的图片。

第五点：将 SVG 等格式的文件导入 AE 后需要转换为 AE 中的图层，否则无法在 Lottie 中使用。

5.5.5　生成 SVGA 格式的动画

SVGA 是一种动画格式，支持 iOS，Android，Web 等多个平台。其使用方式是在 AE

中将动画设计完成，然后利用 SVGA 插件输出。其原理与 Lottie 生成动画文件的一样，区别在于动画的记录方式不同。Lottie 以关键帧、矢量路径、样式等结合的形式记录动画，这样程序计算难免会比较复杂；SVGA 记录的是图层每一帧的信息，原理类似于序列帧动画，导出的动画省去了计算过程，故 SVGA 的内存占用和稳定性都优于 Lottie。

当 SVGA 有位图元素动画时，输出的也是封装好的文件，不需要单独准备一份 images 图片文件给开发人员。Lottie 输出的是 .json 文件，若有位图元素动画，同时也会输出 images 图片文件。在输出方面，SVGA 优于 Lottie，但支持 AE 的功能少于 Lottie。图 5-45 所示为 SVGA 插件的工作界面。

从 SVGA 的官网可以下载插件，另外官网还提供 .svga 文件的预览功能，也有开发人员运用 .svga 文件的集成指南。

图 5-45

5.5.6　导出 CSS 动画代码

导出 CSS 动画代码同样需要借助工具，AE 脚本 AE2CSS 可以帮助设计师从 AE 中导出 CSS 代码。这款脚本支持图像和纯色层的所有基础动画属性，并且支持表达式和父子级，遗憾的是不能支持一些复杂的特效。虽然此脚本也可以导出精灵图，但有些复杂的特效有时不能成功导出。因此，导出精灵图还是推荐上文分享的 CSS Sprite Exporter 脚本。

图 5-46 所示为脚本的界面和导出的代码及图片文件，使用方法一目了然。设计师设计动画后，紧接着导出代码文件，这样能大大减少开发人员的工作量，并且此方法生成的图片画质质量无损且内存更小。目前，其支持 Web 和 H5 页面。对于数据可视化产品的动效设计，此款脚本非常值得推荐。

图 5-46

5.5.7 动效设计文档输出

动效设计文档输出包括运动曲线、位移、颜色、旋转、缩放、透明度等。对于需要开发人员实现的动效,整理动效设计文档可以方便开发人员查阅使用,这样有利于还原设计效果,同时对于多名设计师共同协作的项目,也能起到一定的规范作用。

运动曲线参数值可以使用贝塞尔曲线数值生成工具来获取。其可以自定义曲线,也可以选择工具中提供的曲线。在定义好曲线后,执行动画演示,确定后保存参数即可,图 5-47 所示为网站界面截图。

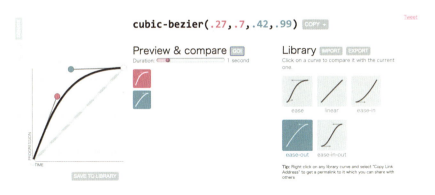

图 5-47

在有了运动曲线的参数后,再整理动态元素的基本参数,最终生成动效设计文档。如图 5-48 所示,图中分别给出了运动曲线的参数,以及各个动态元素的出场时间、结束时间和持续时间。这样开发人员就可以按照设计师给出的参数编写程序。同时,在将设计文档交付给开发人员时,最好把动效生成视频或动图 Demo 一并交付,这样有助于他们的理解。

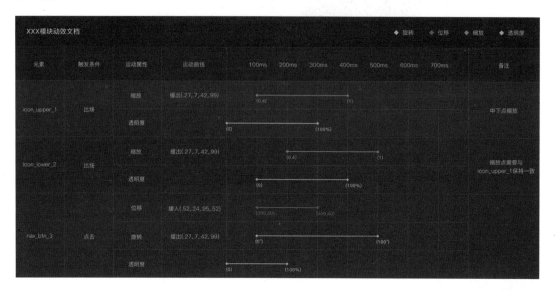

图 5-48

06

3D 可视化设计

目前，3D 可视化是大屏产品最为主流的设计风格。在视觉上，3D 可视化能表现出非常震撼的科技效果，给观者带来全新的视觉体验。在功能上，3D 可视化可以还原真实场景，使数据信息的表现更为具体化、形象化。如今，3D 可视化的运用非常广泛，如智慧城市、智慧交通、智慧工厂、智慧社区、物联网等，都会优先采用 3D 可视化效果，因此在数据可视化设计领域中，设计师必须要有 3D 可视化设计能力。

3D 可视化设计对设计师的要求相对较高，首先需要设计师学习更多的设计工具。在视觉设计上，非常考验设计师的想象能力，并且需要设计师掌握各种科技感的设计风格。同时，要求设计师对 3D 交互要有一定的认识，要有 Z 轴的概念。其次设计师要有一定的建模能力，对于简单的 3D 场景，设计师最好能快速上手建模。

6.1 3D 可视化的设计工具

对于设计师来说，设计工具就像是战场上士兵的枪，士兵没有枪就没有战斗力，同样设计师没有设计工具也没有"战斗力"，因此学习 3D 可视化先得从学习工具开始。3D 可视化的主流设计软件可以分为两类：一类是视觉展示，比如 3ds Max，C4D，AE 等，这些软件最终的设计效果只能做视觉展示，无法实现 3D 交互。另一类是可以实现 3D 交互的，比如 Ventuz，U3D，UE4 等，如图 6-1 所示，其中后两者是设计软件也是开发软件，功能上能够提供实时数据接口。两种类型的工具各有各的用处和优势，下面进行详细介绍。

图 6-1

6.1.1 3D 效果设计利器——C4D 和 AE

相对于其他 3D 软件，C4D 和 AE 是 UI 设计师较为熟悉的，也是 UI 设计师必须要掌握的工具。在产品中设计 3D 展示型动效，使用这两款软件足矣。但如果在 3D 效果上加交互，比如鼠标操作拖动、旋转、缩放 3D 元素，那么这两款软件是无法实现的，并且它们不支持数据接口，故不具备开发属性。

若要在产品中实现交互操作，需要技术人员根据设计效果进行二次开发。3D 开发技术常用的是 WebGL 和 Three.js，目前国内很多 3D 可视化服务商都在使用这两项技术。

WebGL 是在浏览器中实现 3D 效果的一套规范，Three.js 是这套规范中非常优秀的开源框架，其中 Three 表示 3D 的意思；js 是 JavaScript 的意思，是运行在网页端的脚本语言，能够高效写出 3D 程序，并且在主流的浏览器上都能获得全方位的支持。笔者不建议设计师花大量的时间学习技术，但可以鼓励身边接触可视化产品的前端工程师学习。

图 6-2 所示是可视化大屏产品中常见的 3D 城市风格，但不建议 UI 设计师去建这种庞大复杂的城市模型，可以用其他软件生成简单模型，然后对城市标志性建筑物重新进行 1∶1 建模，当然如果有现成的模型最佳。然后将模型导入软件，就可以设计各种视觉效果了。图 6-2 中的

扫码查看动态效果

3D 城市视觉效果全部是由 C4D 软件完成的，其中建筑发光效果是通过贴图实现的、地面的光线是由 XP 粒子插件利用毛发做出的流动效果、图中不断发射的光点是由 C4D 自带的粒子发射器设计完成的。开发落地时需要给开发人员 .obj 格式的模型、贴图和动画 Demo。

AE 不仅在视频合成与特效制作中能发挥重大作用，而且在 3D 设计领域中也极其优秀。AE 支持与 C4D 互相导入，以实现更出色的视觉效果。同时，AE 可以用 Element 3D（3D 模型插件）和 Trapcode（粒子插件）将 OBJ 格式的模型导入 AE 软件，然后使用 AE 软件的各种设计效果对 3D 模型添加动画，使 3D 元素的视觉效果更加出色。

AE 软件本身也可以设计出 3D 效果，如图 6-3 所示，使用 AE3D 效果功能可以设计 3D 字体，其设计要点在第 5 章做过详细讲解。AE 软件在动画设计方面有无限的可能性，是设计可视化产品最出彩的工具之一。但由于 AE 与 C4D 软件都是展示层面的设计软件，不能实现交互功能和技术部署，因此软件的使用还需要根据设计需求进行选择。

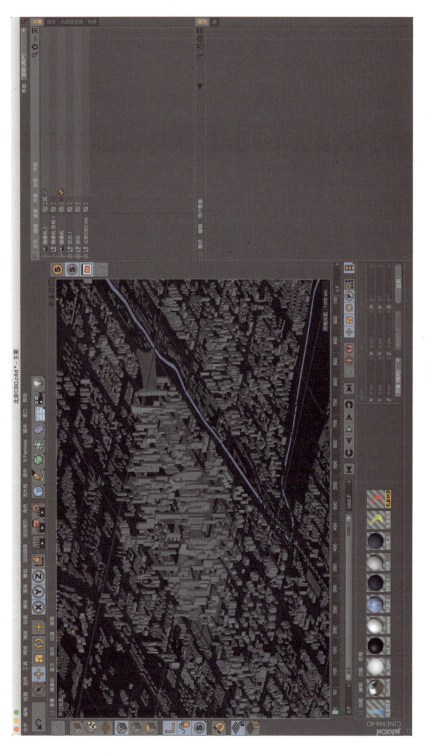

图 6-2

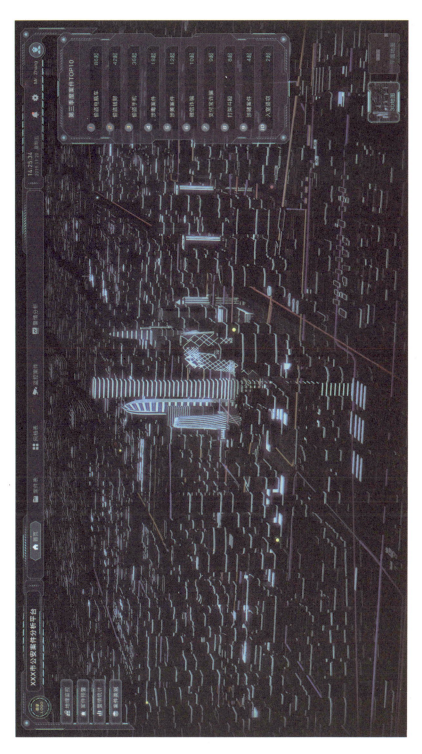

图 6-2（续）

图 6-3

6.1.2 城市模型利器——Arc GIS

Arc GIS 是 GIS 界（地理信息系统）中最具专业性的软件，它可以基于 .shp 文件快速生成 3D 城市模型。.shp 文件可以理解为数据包，包含建筑的地理位置、高度等数据，通过 Arc GIS 软件的解析可以得到城市的 3D 高度模型。这种城市建筑模型基于真实的数据生成，建筑模型的地理位置也具有真实性，这也是很多产品都在使用 GIS 的原因。

虽然 Arc GIS 是一门庞大的学科，但如果只是为了得到 3D 城市模型，其实不需要花费太多时间学习它，因为在软件中生成模型只需三步，如图 6-4 所示。目前城市数据的 .shp 文件没有开源的网站提供。

第一步：把 .shp 文件直接拖入软件。

第二步：通过图形属性生成建筑高度。

第三步：结合 3D 软件导出模型。

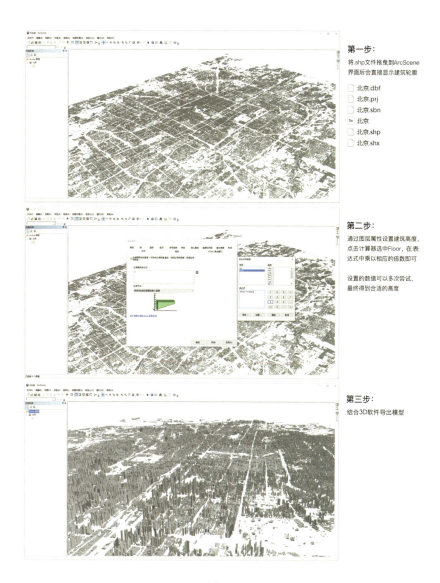

图 6-4

Arc GIS 导出模型的原理是,先导出模型数据,再结合支持数据导入的 3D 软件再次生成模型。因为 Arc GIS 生成的模型只是建筑高度的模型,视觉效果比较单一,在视觉效果上与真实形态的模型有很大差距,所以有时候需要在 3D 软件中把标志性的建筑物重新按真实的样子建模,这样能够提高城市模型场景的识别度。

6.1.3 城市模型利器——City Engine

City Engine 翻译成中文是城市引擎，是一款专注于 3D 城市数字建模的软件。它最大的优势就是能够快速创建宏伟的城市建筑场景。与其他 3D 建模软件最大的区别是，它的场景模型是基于规则文件 CGA 生成的模型，其中 CGA 是一种编程语言。CityEngine 中内置了很多规则文件，如不同的建筑风格、道路等，这些规则文件让我们能够快速创建一个逼真的城市场景。同时，CGA 也可以自行编写，以满足个性化需求。此软件操作非常简单，几步就可以出效果，我们继续往下看。

City Engine 软件有设计师喜欢的 Mac 版，在官网即可下载，虽然是收费软件，但也提供了 30 天试用期，图 6-5 所示为 City Engine 软件的工作界面。此软件学习成本非常低，有两种方式可以生成城市模型：一种是与 Arc GIS 一样，也是利用 GIS 数据快速创建 3D 场景。另一种是在线获取地图数据，然后生成模型。在线的方式是在地图上框选所需的区域，然后只针对这一区域生成模型。

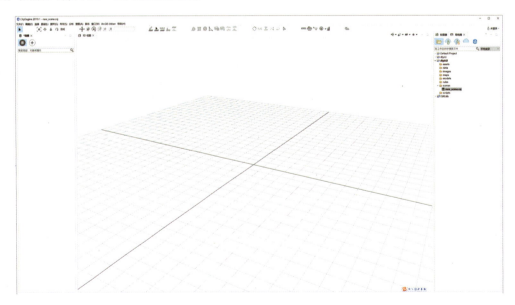

图 6-5

1. City Engine 创建工程和场景的流程

在创建城市模型前，先要介绍一下 City Engine 创建工程和场景的流程。City Engine

创建工程和场景的文件有两种方式：一种是打开软件弹出的默认工程文件，选择"场景"即可创建场景。另一种是比较推荐的方式，它的好处是可以灵活选择我们创建项目的位置，其操作方式为打开软件，关闭默认工程场景创建，然后进入工作界面并选择"文件"中的"新建"，出现的新建弹窗里面有三个选项，即 CGA 规则文件、CityEngine 场景、CityEngine 工程，选择工程设置并保存路径，即可完成工程创建。

工程创建完成后，在每个工程中有 8 个文件夹，如图 6-6 所示，图中对每个文件夹的功能都做了详细解释。然后在界面导航器中找到 scenes 文件夹并右击选择"新建场景"，设置名称后点击"完成"即可，之后就可以进行城市模型的创建了。

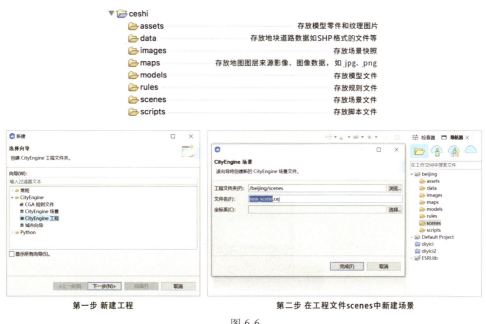

图 6-6

第一种方法——在线获取地图数据。

第一种方法是在线获取官方地图数据，在使用此功能前，要先点击软件右上角的登录，这样才支持下载数据。登录后，在软件界面中选择"文件"中的"获取地图数据"，这时候会出现有世界地图的弹窗，输入要截取城市的名称，定位到需要的位置后，框选范围即可，如图 6-7 所示。数据下载完成后会出现一个配置弹窗，默认勾选"模型高度"和"道路"，同时也可以根据自己的需求勾选其他选项，然后点击"完成"即可。这时，截取的地图就会出现在画面中，同时带有显示建筑高度的模型。

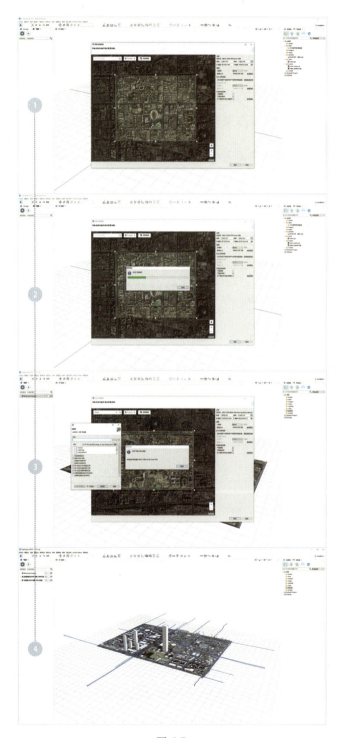

图 6-7

在界面左上角的场景模块中会出现三个图层，去掉勾选后，可以只显示模型、道路或底图。图中选择的位置大概是北京 CBD 区域，显示最高的建筑就是中国尊，但周边建筑的高度数据的显示并不好。目前，官方的地图数据常常出现这种情况，因此在导出模型时要查看是否存在问题。

在介绍第二种方法之前，先分享一个更厉害的功能，就是快速创建虚拟城市。前面说过，软件中带有很多 CGA 规则文件，下面我们就来用一下。首先在界面左上角的场景中取消其他勾选只留下"街道"，如图 6-8 所示。在导航器 ESRI.Iib 中找到 rules 文件夹下的 Streets 文件（系统自带的 CGA 规则文件），选择并拖曳到道路上即可。

虚拟建筑的生成可以用同样的方法：全选建筑轮廓，找到 rules 文件夹下的 Buildings 文件，选择并拖曳到建筑轮廓上，即可生成富有科技感的虚拟城市。如果不满意还可以点击随机按钮，重新生成不同的建筑场景。创建虚拟城市这一功能常常用在影视和游戏当中，其中模型是可以直接被导入影视、游戏开发软件当中的。对于设计师来说，如果要做一些设计练习则可以导出 OBJ 模型，然后在我们熟悉的 3D 软件中设计其效果。

第二种方法——GIS 数据。

下面介绍最为推荐的 GIS 数据方法，因为此方法的数据相对比较完整，所以生成的模型也更可靠，其生成城市模型的原理与 Arc GIS 一样。首先打开软件新建好的工程和场景，复制城市 GIS 数据包到 data 文件夹中，在数据包中找到城市的 SHP 文件并拖曳到场景中，这时城市建筑轮廓就出现了，如图 6-9 所示。

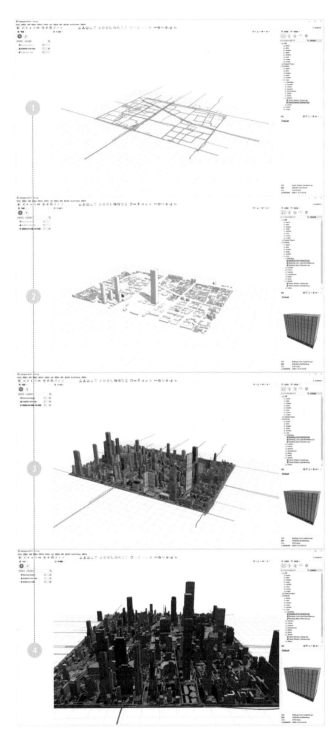

图 6-8

第 6 章　3D 可视化设计 | 219

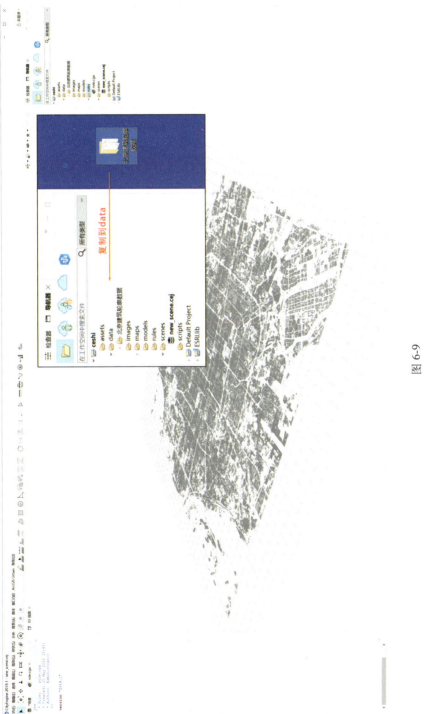

图 6-9

此时，界面中出现的是建筑的轮廓图，然后需要用 CGA 编写一个简单的程序生成 3D 城市模型。作为设计师，听到编写程序可能就会头大，但其实很简单，只需要几句非常简单的命令即可。其操作方式为首先创建一个 CGA 文件，然后在界面导航器中找到 rules 文件夹，右击选择"新建"中的"CGA 规则文件"，修改一下默认名称，点击"完成"即创建成功。这时，在界面左侧会出现创建文件的名字、时间、作者等信息，如图 6-10 所示，下面在里面编写几条命令以生成高度模型。

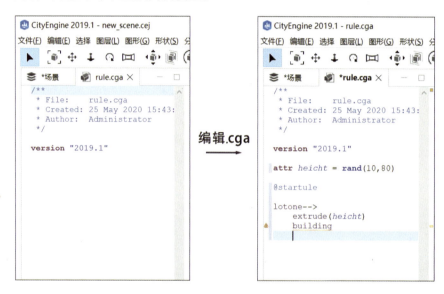

图 6-10

attr heicht = rand (10,80)

@startule

lotone-->

extrude (heicht)

building

以上就是生成模型所需的命令，输入时需要在英文状态下，其中 (10,80) 是为了能够让建筑模型有高有低，意思就是生成的建筑模型都在 10 米到 80 米之间。命令输入完成后，框选选中所有建筑轮廓，找到 rules 文件夹下的 CGA 文件并拖曳到建筑轮廓，加载完成即可生成高低错落的建筑模型，如图 6-11。如需修改建筑高度，可以直接修改参数，然后点击界面中的"生成"按钮即可重新加载模型。

图 6-11

生成模型后其实还并没有完成，因为看上去整个城市没有识别性，还需要导入一些具象化的标志性建筑物，比如如果是北京的话，就把中央电视塔等具有识别性的建筑物导入，这样看起来才真实生动。

导入标志性建筑物的方法有很多，比如可以把模型导入其他 3D 软件中，其实 CityEngine 也支持模型的导入。具体方式是，先在其他 3D 软件中创建模型，或者找到模型素材，并导出 OBJ 格式的模型。然后用同样的方式将模型复制到导航器的 models 文件夹中，再把模型文件拖曳到画面中，找到对应的位置即可，如图 6-12 所示，以这种方式可以不断地细化城市建筑，最终呈现一个更具象的城市模型。

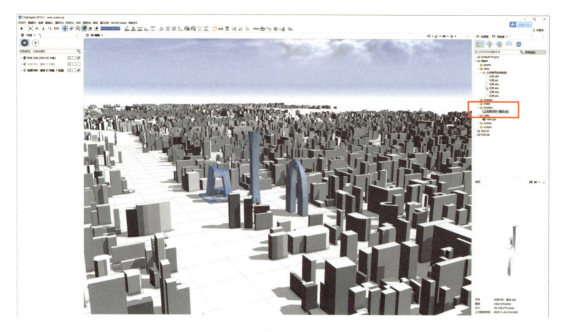

图 6-12

2. City Engine 模型的导入导出

City Engine 模型的导出功能非常便捷强大,它不仅可以导出 3D 的通用格式,还可以把地理位置信息和模型一并导入 3D 开发软件中。因为 City Engine 属于地理信息下的 3D 建模软件,带有地理位置信息,所以导入 3D 开发软件后,地理信息就会自动匹配,如导入 Uneral Engine 游戏引擎软件,也就实现了 3D 城市建筑与数据的对接。

City Engine 的模型导入支持很多格式,如常用的 OBJ 模型和 Texture lmport 地形数据模型。图 6-13 所示为 City Engine 软件导入和导出所支持的格式。

| 支持导出的格式 | 支持导入的格式 |

图 6-13

6.1.4　3D 实时交互利器——Ventuz

Ventuz 是一款 3D 实时交互设计软件，能够与各类数据库对接并且可以实现 3D 场景设计及实时互动交互展示。Ventuz 在交互上也有极大的优势，可以使用激光传感器实现人与大屏的互动。不仅如此，Ventuz 还支持多种分辨率的输出，这对于可视化大屏设计是非常有利的，国内很多公司的数据可视化设计都是基于这款软件设计的。

Ventuz 软件具有基于节点结构的工作流程，不需要写任何代码就可以实现交互展示，这种方式较为注重设计师的操作思维，而且还可以与 C4D，3ds Max 等软件无缝衔接，即在 C4D 软件中做好的动画可以导入 Ventuz 中。

Ventuz 是一款小众软件，图 6-14 所示为软件的工作界面，这款软件分为试用版和正式版，试用版在导出项目时会有水印，正式版需要官方购买，有人认为 Ventuz 是服务于高端产品的软件。总而言之，Ventuz 是设计数据可视化大屏的利器，图 6-15 就是基于 Ventuz 设计的城市建筑可视化作品（站酷设计师乐开花 Deamer 作品）。

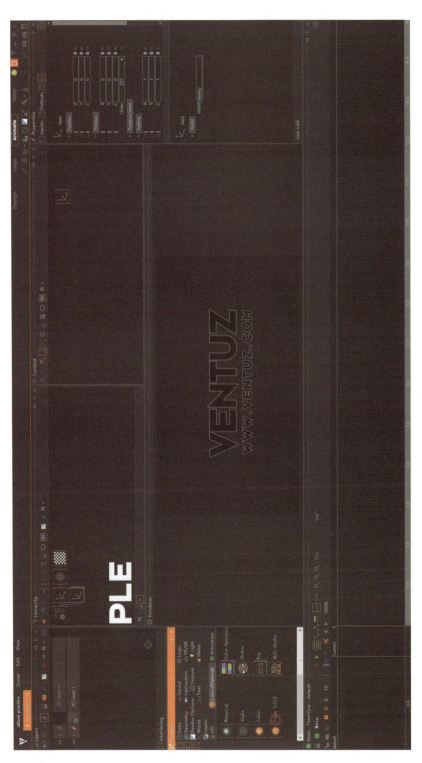

图 6-14

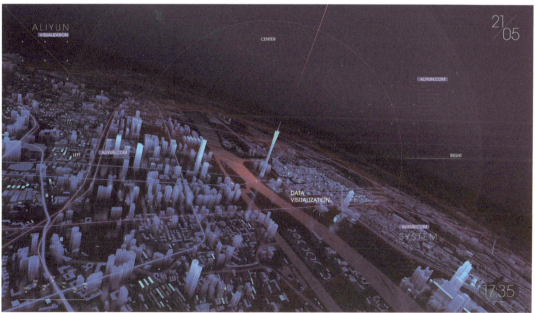

图 6-15

6.1.5　3D 特效游戏引擎——U3D 和 UE4

U3D 和 UE4 都是游戏引擎开发软件，主要针对游戏开发，如我们熟悉的《王者荣耀》《绝地求生》等游戏，都是由这两款软件设计开发的。它们都具备创建 3D 游戏、城市建筑可视化、实时 3D 动画互动展示的功能，并且都提供实时数据接口，在兼容性方面不仅能够兼容 Web 端，而且对移动设备也能够完美支持。

如今，在数据可视化设计领域中，各大公司争相斗艳，为了能在视觉和功能上更胜一筹，设计师们已经开始使用游戏引擎的设计利器，比如腾讯大数据可视化项目组中的很多城市可视化效果都使用了 UE4 软件。

UI 设计师一般对这两款软件可能不太熟悉，下面我们单从可视化设计方面，来介绍一下 U3D 与 UE4 的区别和优劣。

(1) 相对于 U3D，UE4 对电脑硬件的要求更高。

(2) 在视觉效果渲染上，UE4 比 U3D 更为突出。

(3) UE4 自带蓝图功能，设计师容易上手，不需要写代码，但进阶学习需要会 C++。

U3D 没有蓝图功能，前期就需要学习 C#（编程语言）。目前，国内的游戏开发用的主流软件还是 U3D，这方面的教程也比较多。如果只是为了可视化方面的设计，你没必要学得特别深入，只要能满足设计需要即可。当然，如果你有兴趣的话也可以深入地研究学习。图 6-16 所示是 U3D 的工作界面，软件在 Windows 和 Mac 系统中都能够被支持。

针对 UE4 的学习可以分为两大部分：一部分是蓝图功能，另一部分是 C++，作为设计师只学习蓝图即可。蓝图的功能对设计师非常友好，不用学编程写代码，易学易用，而且功能也非常全面。UE4 官网也一直在强化蓝图功能，设计师学会蓝图基本上就可以做出非常炫酷的 3D 可视化场景了。

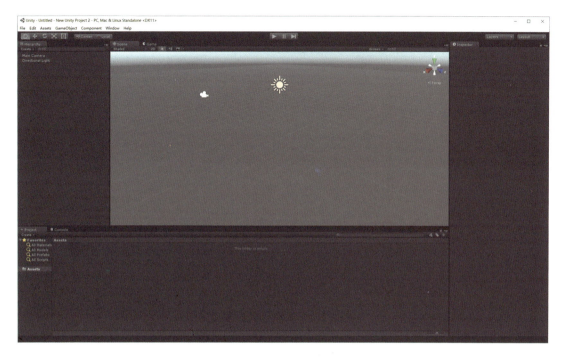

图 6-16

UE4 软件的安装和使用都是免费的，先从官网下载 Epic Games 启动器，它是集工程管理、素材管理、虚幻商场、在线学习、UE4 软件安装的一个平台。图 6-17 所示为 Epic Games 启动器的平台截图。UE4 的初学者应该首选官网提供的学习文档和在线视频教程，其中的视频教程都制作精良，具有专业的讲解水准，而且有相当大一部分都有中文字幕。其次 bilibili 也是学习 UE4 的较好的平台，同时还可以关注知乎的虚幻引擎社区，上面有很多官方推荐的文章和视频可供学习。

图 6-18 所示是 UE4 软件的工作界面，从界面的设计上来看，其对设计师的学习非常友好，因此如果是设计师学习游戏引擎，笔者比较推荐 UE4。如果数据可视化设计师能熟练使用一款游戏引擎进行可视化开发，那等于一个人同时完成了设计与技术两方面的工作，因此目前来看能用游戏引擎开发可视化产品的设计师，绝对受欢迎。

图 6-17

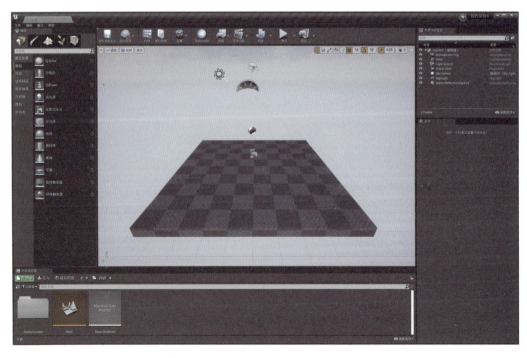

图 6-18

6.2 3D 可视化设计实战

本节用案例讲解一些 3D 效果的设计，包括透视效果、3D 元素，以及 3D 可交互地球的设计及落地方法，简单易学，你学习之后就可以在合适的项目中使用了。

6.2.1 可视化大屏透视效果设计

可视化大屏之所以偏爱 3D 效果，是因为 3D 效果更具有视觉冲击力，比如在前面分享的智慧城市案例中，3D 建筑的景深营造了很强的空间感，在视觉上呈现出一种大气蓬勃的观赏感受。

可视化大屏的空间感设计，不一定非得用 3D 元素才能表现出来。我们完全可以通过透视的设计手段来实现界面中的空间感，这同样在视觉表现上能给人一种具有 3D 空间效果的感受，并且基本不会增加开发成本。如图 6-19 所示，通过透视设计把二维元素营造出一种 3D 的空间感。在设计可视化大屏时，如果感觉界面的设计平淡无奇，不妨尝试类似的效果。但实现透视效果是可视化大屏设计的一种方法，并不能代表可视化大屏有透视效果才会更好。

下面我们把透视效果界面进行拆解，分享一下设计过程与设计思路。首先在设计前要充分了解需求。如果需求上要求有 3D 的效果，这时就要根据需要呈现的内容进行分析，思考哪些元素可以用 3D 的效果表现，如果没有就可以尝试使用元素的透视效果来满足需求。在这个过程中可以找一些参考，然后画出草图，做到心中有数，最后再着手进行设计。图 6-20 所示是对设计过程和各个模块的拆解。

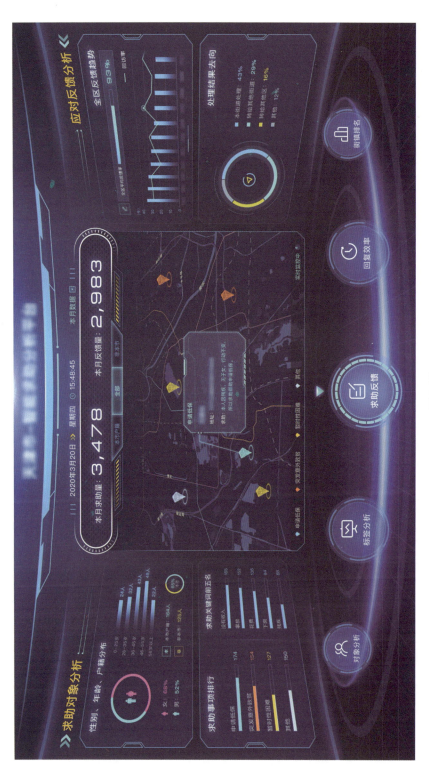

图 6-19

第 6 章　3D 可视化设计 | 231

1、背景　　　　　　　　　　　　　　　　2、加透视地面

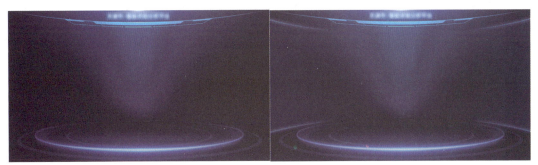

3、加标题　　　　　　　　　　　　　　　4、加透视背景

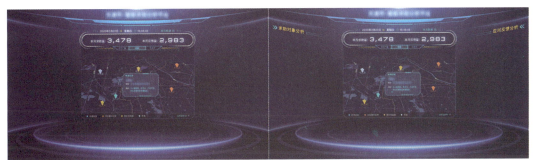

5、加内容模块，地图透视呈现　　　　　　6、对应透视背景加小标题

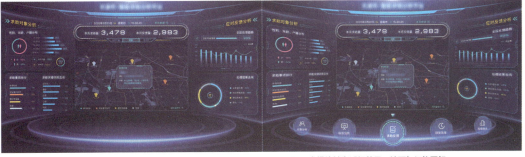

7、设计两侧图表　　　　　　　　　　　　8、两侧图表模块转为透视效果，地面加切换图标

图 6-20

针对地面的透视效果设计，先画出大小合适的方正网格，然后运用 PS 中的透视功能拉出透视效果，如图 6-21 所示。针对圆形元素可以先直接画椭圆，然后用布尔运算切出圆环，圆环的光线是用 AE 插件 video copilot 中的 Saber 制作的，落地后光线的动画效果也用此插件完成。两侧的透视效果先按正常平面的设计进行，然后转为智能对象，同样是利用透视功能变换成 3D 效果。但是需要注意的是，你一定要保留透视前的尺寸效果，最终一并给到开发人员。透视地图效果是用高德自定义地图制作的，因为透视效果能展示更大的面积，地图本身在页面中占比不是很大，所以这里运用透视地图效果能展示出更多的空间。

图 6-21

6.2.2　3D 动画元素设计落地

前面分享了透视效果的设计，你可能会发现在透视地图上有 3D 效果的定位点，实际落地后还会呈现旋转的动画效果。其中 3D 定位点的设计能更好地与透视地图融合，接下来分享它是如何设计并落地的。

扫码查看动态效果

定位点先用 C4D 软件建模，然后导出 OBJ 格式的模型，再用 AE 粒子插件导入该模型，接着做模型的颜色更改和旋转动画效果，如图 6-22 所示。如果开发人员可以用 Three.js 开发，那么就可以直接交付给他们 OBJ 格式的模型和设计效果图，同时也要给到有关模型的倾斜角度值。若用 HTLM 开发实现，那么设计师就需要导出动图格式的文件来实现，由此可知落地方式可以根据开发方法来选择。

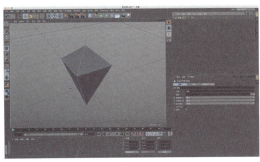
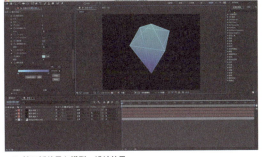

1. C4D制作模型，导出OBJ格式　　2. 粒子插件导入模型，设计效果

图 6-22

6.2.3　可交互地球设计落地

本节通过首都国际机场大屏设计案例，分享3D地球的设计及落地方法。如图6-23所示，图中使用3D地球是因为业务需求上要展示飞机从首都国际机场飞向各个国家的飞行路径。飞行路径设计成光线形式，这其实恰好与Echarts中的3D地球组件匹配，这也意味着开发人员能够轻松实现效果。

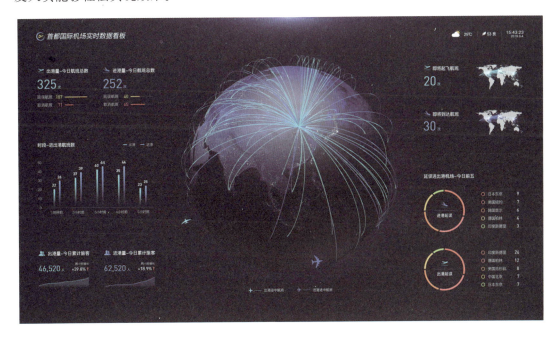

图 6-23

3D 地球动画全部由 C4D 软件设计完成，如图 6-24 所示，设计过程中的 5 个要点如下。

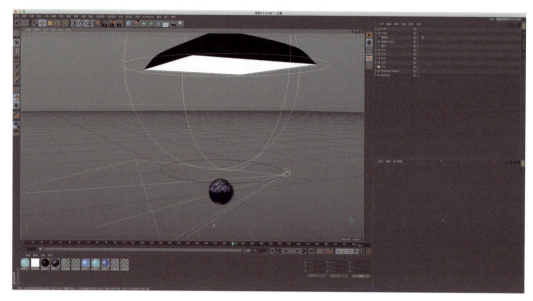

图 6-24

（1）地球用一个世界地图贴图。

（2）地球凹凸效果使用材质的置换和凹凸。

（3）小飞机动画使用对齐曲线动画。

（4）国家之间的样条生成使用插件 Lon-Lat Connection。

（5）光线粒子使用插件 X-Particles。

首先需要找到一张世界地图的贴图，通过 PS 调整到适合的色调，调色后导出图片格式即可，后续将其用于 C4D 地球设计的贴图。

然后打开 C4D 创建圆形球体，新建材质并在材质编辑器中选中纹理，添加刚刚调整好的世界地图贴图，如图 6-25 所示。为了把地球表现得更加真实，可以开启置换和凹凸功能，调整参数使地球看起来有一定的高低起伏效果，调整后把材质球赋予圆形球体，这时地球的效果就出来了。

图 6-25

接下来是小飞机绕地球旋转飞行的效果解析。首先创建飞机模型，然后用对齐曲线功能打关键帧转一圈。需要注意的是，要勾选切线，这样能保证飞机按正确的方向飞行。图 6-26 所示为飞机围绕地球飞行的动画设计。

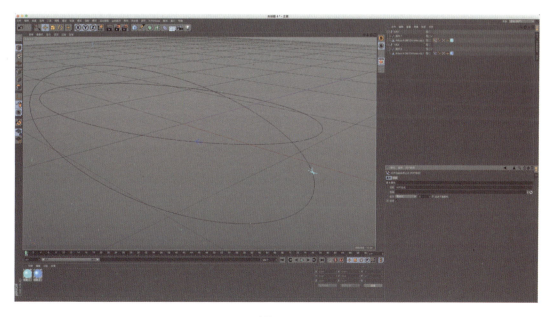

图 6-26

下面生成飞机飞向各个国家的连线，这里看起来有点难度，但用对方法就会很简单。国家之间的样条曲线连接可以使用 C4D 插件 Lon-Lat Connection 实现。使用方法如图 6-27 所示，插件界面上呈现的就是从一个国家的城市到另一个国家的城市的选项，其中 Tab 键的切换可以设置样条曲线的高度和弧度。在一切设置好后，点击"确定"即可生成城市之间的样条曲线连接，有了样条曲线就可以通过粒子插件在曲线上制作流动光线了。

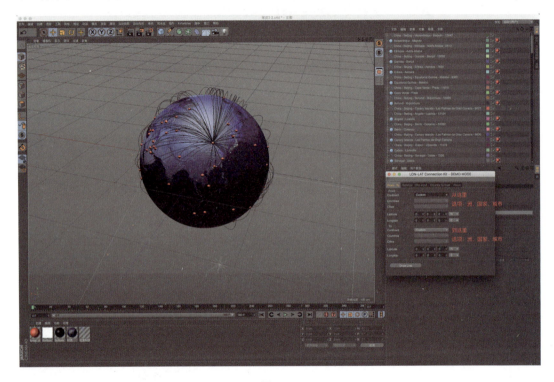

图 6-27

最后，制作样条曲线上的光线传输效果。使用 C4D 插件 X-Particles 设计渲染光线传输的效果，光线利用毛发调整发光，第一条光线走完后使用冻结功能，后面的小光线依次循环发射，这样就模拟出了飞机在路径上飞行的效果，最后在 C4D 中导出动画序列帧，如图 6-28 所示。

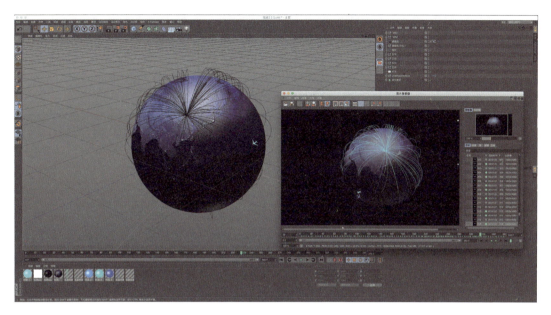

图 6-28

在设计复杂或具有创新性的效果和功能时,前期一定要了解开发的难度,多与开发人员沟通,这样有利于保证我们的设计能有效落地。笔者在设计此案例前,已经知道在 Echarts 网站中有类似的效果,因此明白这对于开发人员不会有太大难度,当然为了确保没有问题,又不断地和开发人员进行了多次沟通与探讨,最终落实后才开始设计。

图 6-29 所示是 Echarts 中的 3D 地球路径图组件,此案例通过其中的组件接入数据,最终实现落地。组件中的地球贴图可以更改替换,地球的视觉风格也可以理解为是由地球贴图所决定的。从网上你可以下载到很多种风格的贴图,在有了确定的贴图后,交付给开发人员替换组件中的贴图即可。

在 Echarts 网站中,3D 地球组件默认的贴图可以从浏览器中右击选择"检查元素"下载。在下载到组件默认的贴图后,可以进行调整色调、加视觉元素等,最后把确定好的贴图再给到开发人员,用来替换默认的组件贴图。

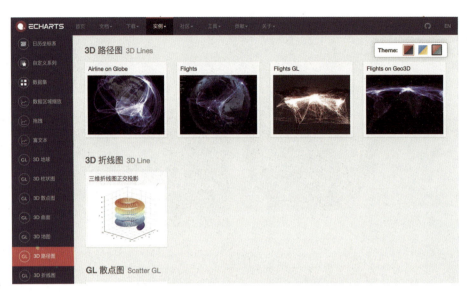

图 6-29

07

数据可视化设计工具、灵感、案例

本章从三个方面讲解数据可视化设计，即设计工具、如何获取灵感和案例分享。这三个方面很像入行设计的一个过程，如先学习设计工具，然后随着经验的积累开始进行创造，最后产出成熟的设计案例，从而成为自身的设计积淀。

7.1 第三方数据可视化设计工具

"他山之石，为我所用"说的就是要善于借助外力成就自我。对于设计师来说，外力就是能够提高工作效率和质量的设计工具。设计工具不仅可以使设计师的工作事半功倍，而且在很大程度上也会影响设计师的思维方式。一般来说，越有思考力的设计师会使用的工具越多，解决问题的方式也就会越灵活。

在可视化设计领域中，有很多工具都是设计师的好帮手，比如自动生成图表、自定义地图样式、拖拖曳曳就能生成一个好看的可视化大屏等。本节带大家了解一下有哪些好用的第三方数据可视化设计工具。

7.1.1 可视化组件库工具

1. Echarts——百度开源可视化组件库

Echarts 是由百度公司开发的产品，是基于 JavaScript 实现的开源可视化库，能够兼容大多数主流的浏览器。其最大的优点是图表多样化，包含各种常用和不常用、二维和 3D 的图表组件，是开发数据类产品的一大利器。对于数据可视化大屏的设计，多样化的图表能让页面的数据信息表现得更多元化，尤其是 3D 可视化组件能很好地提升视觉效果，如 3D 地球组件、3D 地图可视化、3D 图表等。图 7-1 所示为 Echarts 网站的 3D 可视化组件板块。

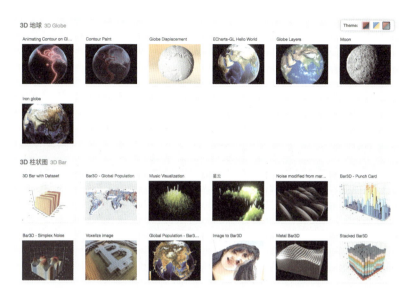

图 7-1

2. AntV——蚂蚁数据可视化

AntV 是由蚂蚁金服数据可视化团队开发的，目前覆盖了统计图表、移动端图表、地理空间可视化、2D 绘图和智能可视化的多个领域。AntV 产品分为 G2，G6，F2，L7 及扩展产品，如图 7-2 所示。

图 7-2

G2 可视化就是我们最常用的图表组件；G6 可视化专注于关系数据，比如树图、流程图、桑基图等；F2 专注于移动端可视化解决方案，能完美支持 H5、Node、小程序、Weex 等多种环境；L7 是地理空间数据可视化，支持 3D 渲染。目前，L7 基于 WebGL 的地理空间数据可视化开发框架，底图支持与 Mapbox（专业制作地图的网站）的全球地图集成，这会让 L7 的功能和效果更加强大，如图 7-3 所示。

图 7-3

3. Highcharts

Highcharts 同样基于 JavaScript 编写，能够兼容 IE6+，支持移动端，具有丰富的 H5 交互性图表库。Highcharts 图表库中有很多优秀的 3D 图表，如 3D 柱状图、3D 饼图、3D 散点图等，如图 7-4 所示。最让设计师喜欢的应该是提供 PDF/ PNG/ JPG / SVG 等格式的图表下载，这样对设计师来说能大大提高工作效率，如图 7-5 所示。使用 Highcharts 产品中的图表需要注意版权问题，其中个人网站、学校网站、非营利机构可以免费使用。

第 7 章 数据可视化设计工具、灵感、案例 | 243

图 7-4

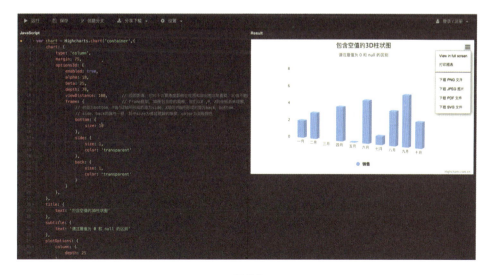

图 7-5

4. Mapv——百度地理信息可视化开源库

Mapv 由百度公司出品，使用 canvas 开发，支持大部分主流浏览器，同时也是一款地理信息可视化的开源库，可用来以点、线、面的形式展示地理信息数据，每种数据都有多种展示类型，比如热力图、网格、聚合等方式，更多类型如图 7-6 所示。

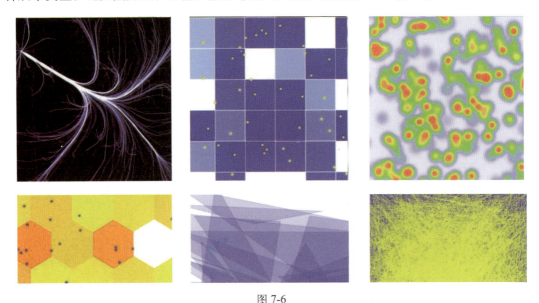

图 7-6

5. D3.js——开源可视化库

D3.js 是一款国外的开源可视化库，是以数据驱动的文档，简单地说就是一个用来做数据可视化的 JavaScript 函数库，如图 7-7 所示。D3.js 是国外最流行的可视化库之一，功能强大且稳定，适用于建造各种可视化图表，并且运行速度很快，同时**支持大型数据集，以及用于交互和动画的动态行为**。

图 7-7

6. Kitchen——蚂蚁金服官方插件

Kitchen 是一款 Sketch 插件,是为设计者提供的一种工具,内置多种功能,有 Iconfont 图标库、智能排版、色板管理、组件生成器等,如图 7-8 所示。其中与数据可视化相关的功能是组件生成器,其可以快速生成图表,并且可以自定义更改图表样式,目前支持生成绝大多数的常用图表,如图 7-9 所示。该插件因为是蚂蚁金服 Ant 系列的官方插件,所以生成的图表设计都是按 Ant Design 的设计规范进行的。

图 7-8

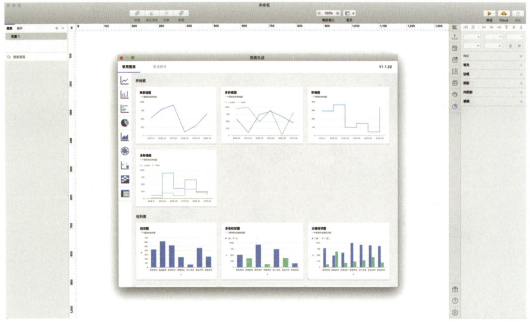

图 7-9

7. FusionCool——阿里巴巴 Fusion Design 中后台 UI 解决方案辅助工具

Fusion Design 是由阿里巴巴开发的产品,是一个设计师与前端工程师的协作平台。而 FusionCool 是整个产品中 UI 设计的一款辅助工具,形式为 Sketch 插件,是设计中后台产品的一款利器。如图 7-10 所示,插件功能分为图标、图表、组件、区块、模板五个模块,使用方式很简单,把元素拖曳到画布中即可。将可视化图表拖曳至画布后,图表可进行自定义编辑。

图 7-10

Fusion Design 支持主题配置,当你安装 FusionCool 插件后官方会提供一套默认组件库,但其实你还可以基于 Fusion Design 官方的设计主题改造成自己专属的设计主题。这样就可以根据自己的产品定义主题了,方便团队的设计规范管理。

7.1.2 可视化大屏工具

1. 阿里云 DataV

阿里云 DataV 主要用于构建数据可视化大屏或全屏产品,具有多种类型的组件可供使用,比如图表、地图、装饰、边框等。平台操作难度不大,即使不是专业的工程师也可以完成一个炫酷的可视化大屏。要想创建可视化大屏,你可以在 DataV 提供的模板上进行编辑修改,也可以新建任何尺寸的空白页面进行编辑,完成创建后可以直接交付给开发人员进行各类数据源的接入,如图 7-11 所示。

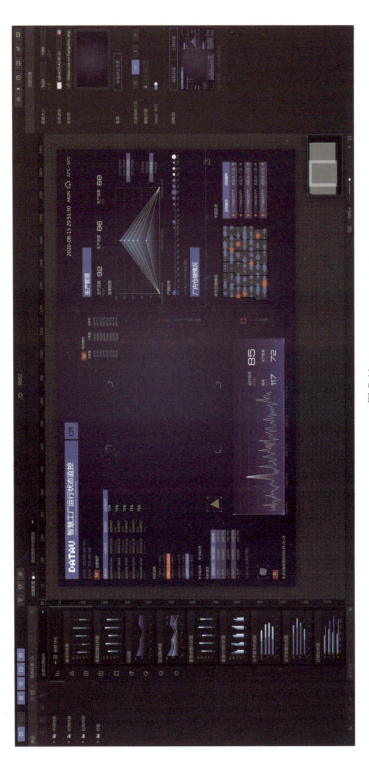

图 7-11

2. 百度 Sugar

Sugar 是由百度公司推出的一款可视化服务平台，操作方式与阿里云的 DataV 雷同，使用拖曳编辑的方式。图 7-12 所示为 Sugar 的编辑页面，左侧为大屏的元素图层，右侧为组件属性的编辑，上方为大屏需要的属性工具。

图 7-12

7.1.3　可视化地图工具

1. 高德自定义地图

高德自定义地图开发平台，可以定制天空、地面、建筑、道路、标注等 44 种地图元素，可以根据自定义元素设计个性化的地图样式，同时支持发布到 Web，iOS，Android 平台。高德自定义地图是开发地理空间可视化经常用到的平台。

下面着重介绍高德的 3D 城市模型。如图 7-13 所示，通过在自定义功能界面开启显示建筑物高度可以呈现出 3D 城市模型的效果，并且还可以对建筑物的颜色做更改。由于高德城市模型需要将地图放大到相应程度才能出现 3D 效果，有一定的局限性，因此目前只支持小范围区域的呈现，对于大区域展示的鸟瞰视角暂时还无法实现。

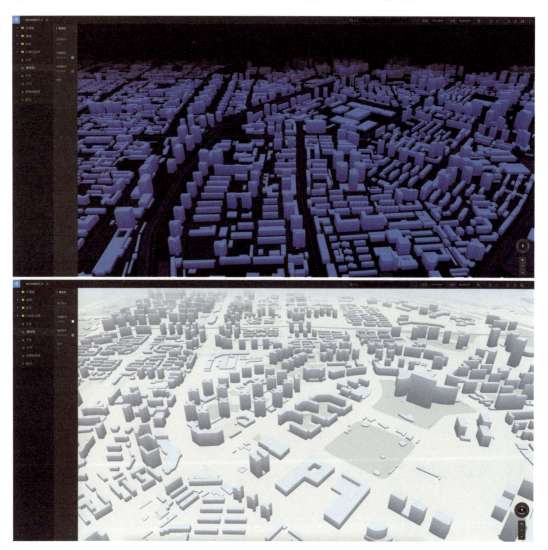

图 7-13

2. Mapbox

Mapbox 是一家成立于 2010 年的美国公司，2016 年进入中国，是一个全球开源地图制作和分享的平台。Mapbox 在业界有着非常高的影响力，公司奉行开源精神，目前已有 700+ 产品的源码开源在 GitHub 上。

Mapbox 的地图设计工具可以用三个字总结，即全、炫、快，是创建地理空间数据可视化不可多得的地图创建工具。图 7-14 所示为 Mapbox 的网站界面。

图 7-14

3. DataV.GeoAtlas

DataV.GeoAtlas 由阿里巴巴出品，是一个可以下载全国、省、市、区县地图的网站，目前网站支持两种格式的文件下载，即 GEOJSON 和 SVG。前者是一种对各种地理数据结构进行编码的格式，简单地说就是数字写出来的图形格式。设计师对后者可能比较熟悉，其是矢量图形格式，也是设计师下载地图常用的格式。操作方式如图 7-15 所示，输入需要的区域，下载即可。

图 7-15

以上是针对可视化设计和开发领域的工具推荐，这些都是设计师工作中的好帮手。但作为设计师应该避免一个认知误区，设计工具可以帮助你解决问题，快速完成任务，但并不是你的核心价值。设计师的核心价值应该是其设计思考能力，而任何设计工具都应该是辅助设计师达到目的的手段。设计师使用设计工具，要带有自己的思考，切勿被工具绑架，成为工具人。

7.2 数据可视化设计灵感

可视化大屏设计是随着大数据行业的兴起，而被带动起来的一个设计领域。对于很多刚刚接触可视化大屏的设计师来说，可能还不了解在哪些平台能找到参考案例，或在平台上不知道搜索哪些关键词，本节将针对这些问题进行详细讲解。

7.2.1 可视化设计灵感网站

1. Behance

Behance 是 Adobe 公司旗下的一个展示和发现创意作品的设计平台，也是设计界最知名的设计平台之一。平台涉及众多设计领域，如时尚、插图、工业设计、UI/UX、动画等，各个领域都有顶尖设计师的作品分享，如图 7-16 所示。

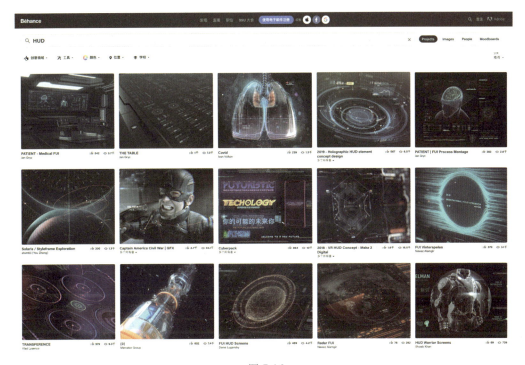

图 7-16

2. HUDS + GUIS

HUDS + GUIS 是一个为 UI/UX 设计师提供灵感和资源的网站，此网站有很多具有创意和有趣的 UI 设计示例，如电影图形界面、游戏 UI 和概念设计等。网站示例注重人机交互，特别是 UI 界面中的功能、外观、动效方式及声音的交互，都符合可视化设计的理念。因此，此网站可以帮助设计师创造和找到灵感，设计出有趣、出色的作品。图 7-17 所示为 HUDS + GUIS 官网页面，图中展示的案例几乎都有动效展示。

图 7-17

3. GMUNK

GMUNK 是一家设计公司，也是一位全球顶级视觉设计师。他的设计标签有激光、镜面、光线等，Windows 10 的屏保便出自这位设计师之手。网站中有许多科技风格的用户界面设计，如图 7-18 所示，非常值得收藏和学习。

优秀的可视化设计网站还有很多，如 Dribbble、花瓣、站酷、UI 中国等，在上面都可以搜索到数据可视化相关的作品。

第 7 章 数据可视化设计工具、灵感、案例 | 255

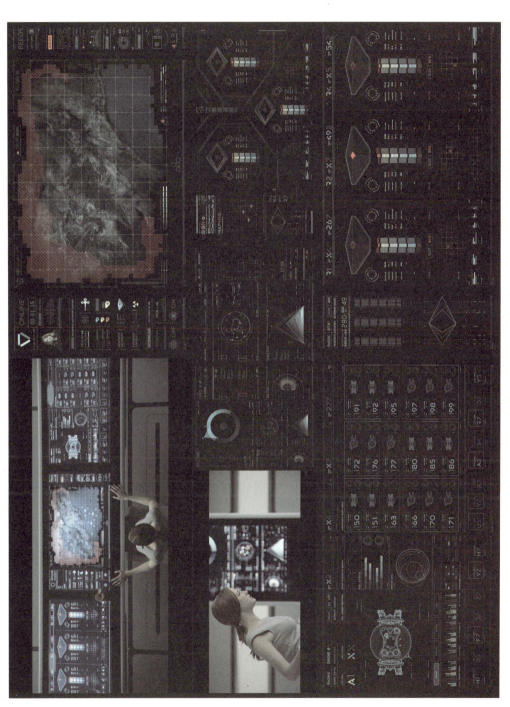

图 7-18

7.2.2 可视化设计素材网站

1. VJshi

VJshi 是一个供应视频素材的平台，在此平台上可以搜索并下载到许多科技元素动效的素材，而且素材的质量相对较好，如图 7-19 所示。网站的商业模式为 C2C，创作人上传自己的原创作品，需要的用户可购买下载，在满足 RF（Royalty-Free）授权许可内即可使用。

图 7-19

2. CG 模型网

CG 模型网是一个针对 CG 设计行业，以 3D 模型为主的资源共享平台，如图 7-20 所示。很多时候可视化设计需要用模型来设计 3D 视觉效果，而对于有些不是特定的模型，自己建模会耗费大量的时间，尤其是对于建模方面较弱的 UI 设计师，因此这样一个模型资源下载平台，无疑会让设计工作达到事半功倍的效果。

图 7-20

3. CG 资源网

笔者对 CG 资源网的定位是一个设计学习平台，上面的设计案例优秀且新颖，很多都是国内外顶级设计师的作品，如图 7-21 所示。在这里你不仅可以下载到设计工程，而且有的还附带设计教程。不仅如此，CG 资源网还提供各种软件插件和各类设计素材的下载，同时也是提供可视化设计灵感的平台。

图 7-21

7.3 数据产品案例

本节是案例分享，针对每个案例都会从产品、交互、设计三个角度去解析。说到案例分享，笔者一直认为设计师要想稳步提升就要做好两个方面的事情：一是不断地思考和产出，二是总结和分享。思考和产出就是不断地学习和产出作品。总结是在复盘过程中发现问题，从而得到更多经验的累积。分享是对自己的一种洗礼，能避免把自己禁锢在一个主观的认知内。分享中发现的问题也会更客观，并且在改正的过程中也能得到进步，这样自身会形成一种健康客观的知识体系积累，这也是一种良好的学习闭环系统。

7.3.1 百度热搜大屏案例

百度热搜案例为纯展示型大屏，改版的目的是改善视觉效果，增强动态展示。大屏内容分为五大模块，即搜索总数据量、搜索人群分析、热搜 Top10、男女热搜 Top3 和地图展示搜索关键词。根据对需求的了解，热搜 Top10 为主要指标数据，因此设计上要重点突出，另外搜索总数据量通常也是重点表现的数据，也需要着重设计，剩下的都为次要指标数据。

图 7-22 所示为改版前的设计，从版面上看，页面中大块留白的部分略显空洞，同时各个模块的信息表现也比较弱。左侧的搜索人群分析并没有做好可视化处理，呈现的效果毫无意义。热搜 Top10 与男女热搜 Top3 的词条榜做了较短的边框设计，但如果字数过长就不能完全展示内容。

图 7-22

1. 标题与总数据的改版

旧版的标题设计在视觉上单调且没有设计感，而且"热搜大数据"缺少主旨，可能会给观者带来困惑，如不明白热搜数据的来源。总数据的黄色元素比较突兀，英文字号过小，从整体上看标题与总数据的设计在页面中略显局促，同时也造成了左右留白过多，氛围上缺少仪式感。

重新设计后，把标题"热搜大数据"改为"百度热搜大数据"，这样能够增强观者对信息来源的认知，同时标题左右增加装饰元素，使页面整体看起来有仪式感。另外，标题字体采用较为时尚、粗犷的字体，能表现出标题的力度，另外字体采用白色是为了与周围元素形成强烈对比，视觉上更为突出。这里补充一点，在大屏设计中，白色在视觉上一般最为突出。总数据采用与标题同样风格的字体，这样在设计风格上能保持一致，形成一个统一的系列。旧版的总数据字体为细长状，在设计页面时如果需要表现数据的量很大，其实可以使用较宽的字体，这样在感觉上体量更大，案例中的设计也是出于此目的。图 7-23 所示是标题与总数据板块的前后设计对比。

图 7-23

2. 搜索人群分析改版

搜索人群分析的板块存在较大问题,首先是使用了不正确的图表,各个分类分别使用环形图无法形成分类间的数据对比,因此这里采用条形图,但不能使用有序条形图,因为分类标注原本就有顺序。

其次分类的标注也不够合理,"00""90"……这样的表述可能会让观者不明白是什么意思,甚至还会误解。如果改为"00 后""90 后"……就很容易有直观的认识了。图 7-24 所示为设计前后的对比。

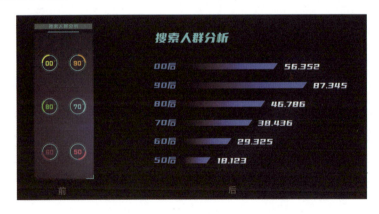

图 7-24

3. 男女热搜 Top3

旧版男女热搜存在两个问题:一个是当字数过多时无法展示;另一个是男女图标颜色没有对比性,容易有误导。改版后,字数可以相对展示得更多,更有包容性,另外男女采用不同色相呈现,视觉上更容易分辨。

4. 热搜 Top10 与地图关键词改版

在设计任何产品时，如果有真实的业务信息数据，那无疑对设计有非常大的指导与帮助。百度热搜 Top10 与百度 App 热搜板块的内容一致，图 7-25 所示为百度 App 热搜板块，从中可以了解到真实的热搜词条字数及相关信息，这些都会成为大屏设计的重要指导与参考。

数据可视化的表现最好能有故事性，此案例从产品的根本进行分析，由于 Top10 是在海量数据中根据用户关注度的高低得出的，因此在设计过程中，若是能把底层海量的数据通过寓意的方式表现出来，那页面的内容设计就更完整了。

如图 7-26 所示，在设计上利用星云效果的寓意表示底层的海量数据，同时为了有动感，星云呈现缓慢旋转的动态效果。星云的上面是中国地图，地图上会不断呈现用户实时搜索的关键词。最后是搜索 Top10 词条的呈现，即在圆形元素上以动态旋转的方式依次展示出来。这样，在最终页面内容的呈现上就是从分散数据到汇集数据，形成了一种有故事线的展示方式。

图 7-25

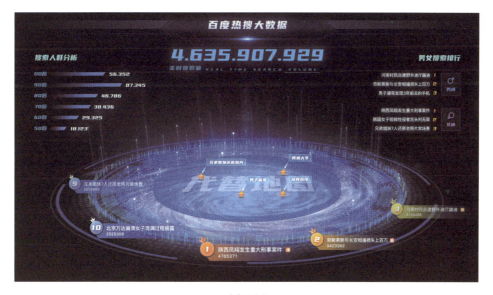

图 7-26

7.3.2　G 端政务大屏案例

G 端产品在设计上依旧遵循"稳定—高效—易用—好看"的优先级顺序。"好看"排在最后并不是说不需要重视视觉设计，而是当与前者不能并辔而行时，需要做出合理让步。

可视化大屏设计中的展示类大屏看重两个层面：高效和好看。这里的高效指数据信息的传递效率。业务类大屏一般是要解决业务需求与问题，会比较看重稳定、高效、易用这三个方面，下面分享的案例即是如此。

产品为城市治理平台，业务上需要通过预判、告警、治理要点等方案解决城市中出现或可能出现的问题，发现问题后要在大屏产品中进行操作，并可以直接流转到下一级去执行。

在设计之前，第一步是确定大屏设计的尺寸，通过需求方给到的尺寸信息（显示区域尺寸为 16.8 米（宽）×5.4 米（高）=90.72 平方米，采用目前较为先进的 1.25 小间距 LED 显示系统，该显示系统的屏幕分辨率为 13440（宽）×4320（高），相当于由 1080P 高清显示屏以 4 行 7 列拼接组成）得出大屏比例为 28 ∶ 9，然后把大屏高度设定为 1080，再根据比例即可得出宽度。此案例从高效、易用、视觉三个方面都做了较大的改变，图 7-27 所示为改版前的设计。从 UI 设计上来看，其更像是展示类大屏，因为几乎找不到可点击的地方，但事实上每个模块都可以点击进入二级页面，而大屏的交互逻辑应该是尽可能不要切换页面，任何的任务操作最好都在当前主页完成。

优化后，板式改为对称设计，这能渲染出 G 端产品应该有的庄严特性，如图 7-28 所示。其内容分为三大模块：左侧内容不变只是修改了设计形式；中间把与地图有关联的功能都整合在一起，放置在地图周围，这样的操作可以实现当地图上同步出现变化时能体现出逻辑上的关联性；右侧只呈现针对分析和管理建议的数据信息。

交互上的优化主要是做减法，把旧版预警模块都放在地图上呈现。当有预警时，会自动弹出预警框，这样不仅能减少操作（旧版的列表展示操作会多一步），而且也能吸引业务人员的注意。改版后，通过动效轮播的展现形式可以呈现出更多信息，以减少交互上的操作。最终的设计是如果没有预警信息，平台上所有的信息都可以尽收眼底。

第 7 章 数据可视化设计工具、灵感、案例 | 263

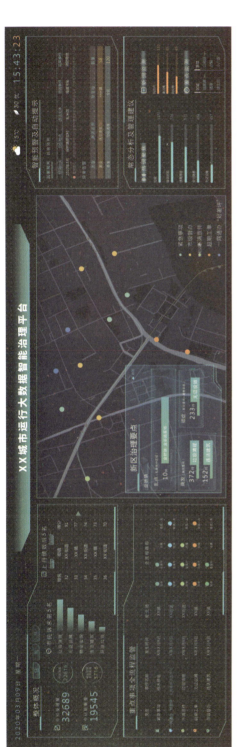

图 7-27

图 7-28

7.3.3 B 端数据产品案例

本案例为 B 端新零售中台产品，产品的业务逻辑是为连锁服装店提供以数据分析为向导的解决方案。其具体是通过带有芯片的吊牌，记录顾客提衣、试穿及销售的数据等，为店长提供一套主推、陈列、折扣的推荐方案，这有助于店铺拿到更高的营业额。同时，产品还要针对各大区域中的店铺建立激励机制，促使店铺之间形成竞争关系。

本案例有三个端口：一是店铺端，使用者为店长；二是区域端，主要用于管理整个区域的店铺；三是全国端，主要用于下发任务。接下来，我们针对店铺端，从产品、交互、UI 设计、可视化四个方面进行讲解。首先看一下产品首页优化前后的视觉设计，如图 7-29 所示。优化后，视觉上色彩变得更加丰富，因为这并不是一个后台产品，产品中存在的各种激励制度需要通过色彩和徽章表现出来。

图 7-29

图 7-29（续）

产品首页的设计理念是，用户在首页就能解决 80% 以上的需求，意思就是用户使用产品的需求绝大多数在首页，不用做任何操作就能被满足。要想做好这样的设计，也在于要具备可视化思维的设计形式。例如，首页的功能入口同时能呈现相关的数据，这样用户就能看到相关的数据，而决定要不要进行下一步操作。当然最重要的是把用户常关注的数据直接放到首页，这样他们就不用再去通过交互操作去查看了。这种架构方式在很多中后台产品中较为推崇。

1. 建立店铺激励机制——产品

产品定义新的功能要从满足用户价值和商业价值的结合点出发，简单地讲就是既要满足用户（使用者），也要为企业（决策者）带来商业价值，而且两者还要达到一种平衡。

因为产品的定位是助力店铺业绩增长，所以要使各区域中的店铺形成竞争关系，来不断激励店长去努力提高业绩。在设计形式上，呈现本区域内所有店铺的排名，当超额完成设定的目标时，就可以奖励超能徽章，图 7-30 所示是优化前后的对比。另外，徽章代表优秀战绩，会一直记录在年度统计中。

图 7-30

2. 功能要符合产品定位——产品

产品的需求定位是希望用户每天使用产品并产生依赖，改版前的产品只提供周数据的统计，这样店长只会每周使用一次产品，不符合产品定位。改版后，产品增加了日数据，这样每次店长打开产品都会有递增的数据展示，而实时数据的展示能增加店长打开产品的频率。如图 7-31 所示，优化后增加了今日数据。

图 7-31

3. 突出关键指标——交互

前面提到首页要解决用户 80% 的需求，下面优化的点既是如此。如图 7-33 所示，点击首页的周数据入口，弹出周数据的详情信息。这一步其实是用户的盲目行为，并不是因为数据信息的提示引导而产生的，因此这在很大概率上会让用户的操作行为造成浪费，没有获取到有效的数据信息。另外，用户对图中历史周数据的关注度不会太高，放在首页其实浪费了大块面积。

图 7-32 中 A 处标示"有待提升的数据"是对比上周数据后本周下降的数据。B 处是与上周对比后本周上升的数据。假设所有数据都是上升的，也就是 A 处没有任何数据，那么给店长的感受可能是，店铺业绩已经达标，这难免会降低店长进一步提高店铺业绩的积极性。

图 7-32

优化后，如图 7-33 所示，直接把用户最关注的本周详情数据呈现在首页，并用柱状图把本周数据与历史周数据的对比，以及相关数据的趋势变化展现出来，同时柱状图还可以切换为月数据、年数据。在交互上，用户可以点击柱状图下钻查看任意周数据的详情信息。

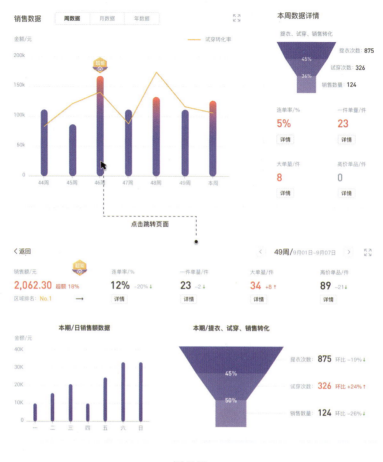

图 7-33

4. 提高使用效率——交互

高效是 B 端产品最重视的方面之一，高效是指长期使用产品的效率。提升产品的使用效率一定要从业务逻辑出发，了解用户是如何完成任务的。比如，当用户点击 A 处后，从业务逻辑上判断用户大概率会再点击什么，这样在交互设计上就能为用户直接提供便捷入口。

图 7-34 所示为销售榜单板块优化前后的对比图，A 处的四个选项指的是同类型的数据，可以将其合并成一个入口在二级页面做切换。这样设计的原因是，这四个分类项一般要配合本店、区域、全国的切换查看，放在同一个页面上操作会更具备便捷性。另外，为了带

动店长全局浏览货品数据,把最关注的"高库存滞销榜单"选项放置最后,这样店长在每次进入此板块后,都会浏览到默认选项的货品数据,从而带动全局浏览行为。

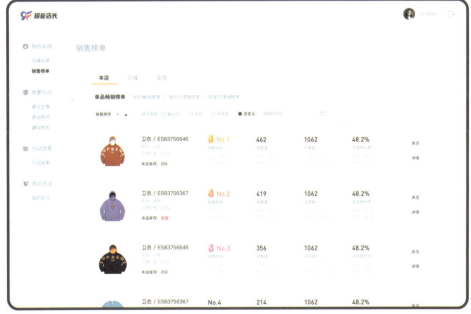

图 7-34

图 7-34 中 B 处的问题很简单，其应该是选中自定义后弹出时间段选择框。C 处是排版问题，优化后把最关注的本店数据放置在最左边，这样用户就会首先浏览到，然后再结合格式塔原理，利用字号、色调轻重、分割线等进行排版设计。

使用效率的提升还体现在首页快捷入口的设计上，如图 7-35 所示。右下角为快捷入口，通过突出的设计，使用户能够快速感知到功能。不仅如此，通过数据量化的形式也能为用户是否需要点击进入提供参考。

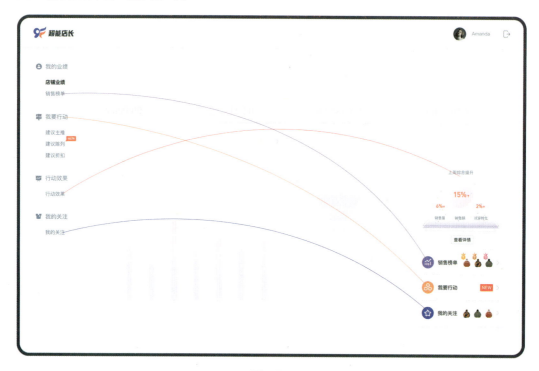

图 7-35

5. 让店长心动的设计——UI 设计

在前面呈现的首页设计页面中有很多红色元素，但其实如果没有完成任务或是没有任何数据提升，是不会出现红色的，如图 7-36 所示。如果红色出现就说明有好的数据表现，这样用户渐渐地就会形成一种认识：每当出现红色，心理难免会产生些许的悸动，故称为让店长心动的设计。另外，在产品设计中红色代表积极的一面，故整个产品的设计都要依据这种规范进行设计。

第 7 章　数据可视化设计工具、灵感、案例 | 271

图 7-36

6. 粒子发射动画教程——UI 设计

为了体现新零售这一新兴的概念，产品增加了一些科技感效果，如图 7-37 所示。在数据提升板块设计发射粒子效果，其中每个粒子代表一个数据点，不停地发射像是一个永动机在工作，营造出一种为店铺业绩保驾护航的感觉。

图 7-37

粒子动效重要的是落地效果要呈现循环播放，做到没有卡顿。首先设计出发射底座的效果图，粒子发射动画使用 C4D 软件自带的粒子发射器配合克隆功能来实现。另外，因为粒子需要呈现有大有小的效果，所以还需要使用随机功能实现，如图 7-38 所示。其次是粒子发射的角度要与设计好的底座角度一致。最后，如果动画没有问题就导出 PNG 序列帧。

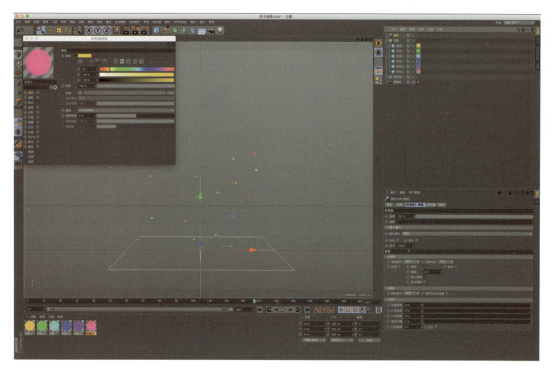

图 7-38

C4D 导出序列帧后，再使用 AE 软件制作粒子循环发射效果。首先把序列帧导入 AE，然后选取一段满意的发射效果，复制一组序列帧并通过错位和透明度来设置循环播放效果。如图 7-39 所示，图中两个黄色点帧的画面要保持一致，这样画面最后就会呈现无卡顿、循环过度的效果。设计如何落地在前面的章节中已经详细介绍过，针对此案例直接输出 APNG 格式的动图即可。

第 7 章 数据可视化设计工具、灵感、案例 | 273

图 7-39